区域节水型社会评价与创建

张　欣　徐丹丹　范明元
陈华伟　李　冰　吴　振　著

黄河水利出版社
·郑州·

内 容 提 要

本书结合区域节水评价、县域节水型社会达标建设、用水定额和用水总量管理经验,对区域节水型社会评价与创建进行了较为系统的研究。主要内容包括:节水型社会创建的背景、意义和主要任务,山东省节水型社会建设取得的成效和面临的机遇,区域节水型社会评价方法与评价标准,山东省省级行政区区域节水评价,典型区域节水型社会达标建设案例,用水定额管理和用水总量管理等。

本书可供水利、水资源及相关专业的科研和管理人员参考使用。

图书在版编目(CIP)数据

区域节水型社会评价与创建 / 张欣等著. —郑州:
黄河水利出版社,2023. 7

ISBN 978-7-5509-3625-6

Ⅰ. ①区… Ⅱ. ①张… Ⅲ. ①县-节约用水-评价-山东
Ⅳ. ①TU991. 64

中国国家版本馆 CIP 数据核字(2023)第 131392 号

组稿编辑:王路平 电话:0371-66022212 E-mail:hhslwlp@ 126. com
田丽萍 66025553 912810592@ qq. com

责任编辑 王 璇 责任校对 杨秀英
封面设计 黄瑞宁 责任监制 常红昕
出版发行 黄河水利出版社
地址:河南省郑州市顺河路 49 号 邮政编码:450003
网址:www. yrcp. com E-mail:hhslcbs@ 126. com
发行部电话:0371-66020550
承印单位 河南新华印刷集团有限公司
开 本 710 mm×1 000 mm 1/16
印 张 14. 25
字 数 170 千字
版次印次 2023 年 7 月第 1 版 2023 年 7 月第 1 次印刷

定 价 80. 00 元

前言

水是生命之源、生产之要、生态之基,是经济社会发展的基础性、战略性资源。随着工业化和城市化的快速发展,我国水资源短缺问题日益突出,同时,水资源利用效率仍然不高,与高质量发展的要求仍有差距,转变高耗水生产生活方式势在必行。大力推进水资源集约节约利用,建设节水型社会是淘汰高耗水、高污染生产方式和落后产能,倒逼产业绿色低碳转型升级、经济提质增效,实现经济社会发展与人口、资源、环境良性循环的必然要求。

党的十八大以来,习近平总书记深刻洞察我国国情水情,从实现中华民族永续发展的战略高度,提出了“节水优先、空间均衡、系统治理、两手发力”的治水思路。2016 年、2019 年《全民节水行动计划》(发改环资〔2016〕2259 号)、《国家节水行动方案》(发改环资规〔2019〕695 号)相继印发,在农业、工业、服务业等各领域,城镇、乡村、社区、家庭等各层面,生产、生活、消费等各环节,大力推动全社会节水,形成节水型生产生活方式,全面提升水资源利用效率,保障国家水安全,以高效的水资源利用支撑经济社会的可持续发展。

2021 年，国家发展和改革委员会等五部委制定了《黄河流域水资源节约集约利用实施方案》（发改环资〔2021〕1767 号），提出把水资源作为最大的刚性约束，全方位贯彻“四水四定”，实施黄河流域及引黄调水工程受水区深度节水控水，精打细算用好水资源，从严从细管好水资源，坚持政府和市场两手发力，大力推动全社会节水，加快形成水资源节约集约利用的产业结构、生产方式、生活方式和空间格局，以节约用水扩大发展空间，实现人与自然和谐共生，促进黄河流域生态保护和高质量发展。

山东省多年平均水资源总量 302.79 亿 m^3，仅占全国的 1%左右，人均水资源占有量不足全国的 1/6。水资源时空分布不均与生产力布局不相适应的矛盾十分突出，人多地少水缺是需要长期面对的基本省情，加之受经济结构和极端水文事件的影响，水资源短缺已成为经济社会健康发展的突出瓶颈。当前和今后的省情水情决定了山东省必须按照“以水定需，量水而行，因水制宜”的原则，充分发挥水资源对全省经济社会发展的约束和引导作用，通过实施全方位节水，提高水资源综合利用效率和效益，全面推进节水型社会建设。

为增强全社会的节水意识，营造全民节水的社会氛围，将节水行动融入社会的各个方面，本书结合山东省省级行政区区域节水评价、山东省县域节水型社会达标建设案例、用水定额和用水总量管理经验，对区域节水型社会评价与创建进行了较为系统的研究。

全书分为七章，主要内容包括：第一章绪论，分析了节水型社会创建的背景、意义及主要任务，总结了节水型社会建设现状形势，从农业节水、工业节水、城镇节水和农村节水三个方面提出社会节水的方法与措施；第二章山东省节水型社会建设成效，在介绍山东省基本水情的基础上，总结山东省节水型社会建设取得的成效，并分析面临的机遇；第三章区域节水型社会评价方法与评价标准，从节水型社会评价标准、节水型载体评价相关标准两个角度，归纳区域节水型社会评价方法和评价标准；第四章山东省省级行政区区域节水评价，采用典型调查和统计分析相结合的方法构建区域节水评价体系，利用区域节水评价方法对山东省省级行政区进行节水评价；第五章典型区域节水型社会创建，以山东省威海市环翠区和潍坊市奎文区为例介绍山东省县域节水型社会达标建设案例；第六章用水定额管理，在阐述用水定额管理政策背景的基础上，总结用水定额的发展历程，分析用水定额的计算方法和确定方法，研发符合山东省用水实际的用水定额编制技术体系，以《山东省重点工业产品用水定额 第14部分：橡胶和塑料制品业重点工业产品》(DB 37/T 1639.14—2020)为例，进行用水定额编制案例介绍；第七章用水总量管理，分析用水总量管理的意义和任务，提出计划用水管理和取用水管理的任务。

本书由张欣、徐丹丹、范明元、陈华伟、李冰、吴振著，参加本项目研究的人员还有陈学群、黄继文、刘健、管清花、田婵娟、王开然、刘海娇、傅世东、刘丹、常雅雯、仇钰婷、王爱芹、李成光、刘彩虹、辛光明等。

本书在编写过程中，得到了山东省水利科学研究院课题“用水定额编制评估方法及其在山东省重点工业行业中的应用”(SDSKY202113)的支持，并参考了大量的文献资料。在此，谨向为本书的完成提供支持和帮助的单位、研究人员和文献作者表示衷心的感谢!

限于作者的理论水平和实践经验,书中不足之处在所难免,敬请读者批评指正。

作　者

2023 年 5 月

目录

第一章 绪 论

第一节 节水型社会创建的背景和意义

一、节水型社会创建的背景

党和国家历来重视节水工作,把节水型社会建设作为解决我国水资源问题的一项战略性和根本性举措,全面推进。

2000 年,中央在关于制定国民经济和社会发展第十个五年计划建议中,首次提出“建设节水型社会”。2001 年,水利部确定甘肃省张掖市为全国首个节水型社会建设试点。2002 年,《水利部印发关于开展节水型社会建设试点工作指导意见的通知》(水资源〔2002〕558 号)决定开展节水型社会建设试点工作。同年修订的《中华人民共和国水法》(中华人民共和国主席令第 48 号)第八条规定:“国家厉行节约用水,大力推行节约用水措施,推广节约用水新技术、新工艺,发展节水型工业、农业和服务业,建立节水型社会。”

2004 年,中央人口资源环境座谈会强调“中国要积极建设节水型社会”。同年,水利部正式启动了南水北调东中线受水区节水型社会建设试点工作。2005 年,国家发展和改革委员会等五部委联合发布《中国节水技术政策大纲》。2007 年,国家发展和改革委员会、水利部和建设部联合发布《节水型社会建设“十一五”规划》,全面示范带动全社会节水。

2011 年,中央一号文件进一步明确要“不断深化水利改革,加快建设节水型社会”,把节水工作作为实行最严格水资源管理制度的重要内容。2012 年,水利部印发《节水型社会建设“十二五”规划》。同年,党的十八大将“建设节水型社会”纳入生态文明建设战略部署。2014 年,在中央财经领导小组第 5 次全体会议上,习近平总书记提出“节水优先、空间均衡、系统治理、两手发力”的新时期治水思路,强调“从观念、意识、措施等各方面都要把节水放在优先位置”。

2015 年,《国务院关于印发水污染防治行动计划的通知》(国发〔2015〕17 号),提出“建立万元国内生产总值水耗指标等用水效率评估体系,把节水目标任务完成情况纳入地方政府政绩考核”。同年,党的十八届五中全会提出,要“强化水资源约束性指标管理,实行水资源消耗总量和强度双控行动;实行最严格的水资源管理制度,建设节水型社会”。2016 年,国家有关部委先后发布《水效领跑者引领行动实施方案》(发改环资〔2016〕876 号)、《关于推行合同节水管理促进节水服务产业发展的意见》(发改环资〔2016〕1629 号)、《全民节水行动计划》(发改环资〔2016〕2259 号)、《“十三五”水资源消耗总量和强度双控行动方案》(水资源司〔2016〕379 号)等政策文件,节水政策进一步完善。

2017 年中央一号文件指出:全面推行用水定额管理,开展县域节水型社会建设达标考核。1 月,国家发展和改革委员会、水利部和住房和城乡建设部联合印发《节水型社会建设“十三五”规划》(发改环资〔2017〕128 号)。5 月,水利部印发《关于开展县域节水型社会达标建设工作的通知》(水资源〔2017〕184 号),并随文发布《节水型社会评价标准(试行)》。10 月,党的十九大报告提出“实施国家节水行动”新的战略部署,推进水资源全面节约和循环利用,节约用水成为国家意志和全民行动。

2018 年,水利部印发《加快推进新时代水利现代化的指导意见》(水规计〔2018〕39 号),提出大力实施国家节水行动,加快健全节水制度体系,建立健全节水激励机制,大力推进重点领域节水,加快节水载体建设,全面建设节水型社会。

2019 年,国家发展和改革委员会与水利部联合印发《〈国家节水行动方案〉分工方案》(发改办环资〔2019〕754 号),要求"以县域为单元,全面开展节水型社会达标建设"。同年,习近平总书记在黄河流域生态保护和高质量发展座谈会上,提出要"坚持以水定城、以水定地、以水定人、以水定产,把水资源作为最大的刚性约束,合理规划人口、城市和产业发展,坚决抑制不合理用水需求"。2020 年,党的十九届五中全会再次强调"实施国家节水行动"。11 月,习近平总书记在江苏考察时,提出"北方地区要从实际出发,坚持以水定城、以水定业,节约用水,不能随意扩大用水量"。

2021 年,在推进南水北调后续工程高质量发展座谈会上,习近平总书记提出要"坚持节水优先,把节水作为受水区的根本出路,长期深入做好节水工作"。同年,《关于实施黄河流域深度节水控水行动的意见》(水节约〔2021〕263 号)、《"十四五"节水型社会建设规划》(发改环资〔2021〕1516 号)、《黄河流域水资源节约集约利用实施方案》(发改环资〔2021〕1767 号)相继印发。2022 年,《中华人民共和国黄河保护法》(主席令第 123 号)颁布,提出"国家在黄河流域强化农业节水增效、工业节水减排和城镇节水降损措施,鼓励、推广使用先进节水技术,加快形成节水型生产、生活方式,有效实现水资源节约集约利用,推进节水型社会建设。"

二、节水型社会创建的意义

节水型社会是指水资源集约高效利用、经济社会快速发展、人与自然和谐相处的社会,包含三重相互联系的特征:微观上资源利用高效率、中观上资源配置高效益、宏观上资源利用可持续。节水型社会的本质特征是建立以水权、水市场理论为基础的水资源管理体制,充分发挥市场在水资源配置中的导向作用,形成以经济手段为主的节水机制,不断提高水资源利用效率和效益。

水资源严重短缺是我国的基本水情,是经济社会发展的重要瓶颈制约。建设节水型社会,全面提升水资源利用效率和效益,是深入贯彻落实习近平生态文明思想、关于节水工作重要讲话和指示精神的具体行动,是落实节约资源和保护环境基本国策的重要内容,是解决我国水资源短缺问题的战略性措施。通过推进节水型社会建设,全面提升全社会节水意识,倒逼生产方式转型和产业结构升级,促进供给侧结构性改革,对加快实现从供水管理向需水管理转变、从粗放用水方式向高效用水方式转变、从过度开发水资源向主动节约保护水资源转变,实现高质量发展和建设美丽中国具有重要意义。

第二节　我国节水型社会建设现状与形势

一、“十三五”节水成效

“十三五”期间,各地区各部门落实党中央、国务院决策部署,坚持节水优先,实行水资源消耗总量和强度双控,提高节水意识,健全节水政策,提升设施能力,促进技术创新,强化监督管理,初步形成了政府推动、市场调节、公众参与的节水运行机制,全社会水资源利用效率持续提升,节水型社会建设取得显著成绩,完成了“十三五”规划确定的主要目标任务。

(一)用水效率明显提高

全国万元国内生产总值用水量下降28.0%,万元工业增加值用水量下降39.6%,农田灌溉水有效利用系数提高到0.565,城市公共供水管网漏损率为10%左右。全国在用水总量基本不增加的情况下支撑了国民经济约6%的增长。

(二)节水政策进一步完善

国务院印发《国务院关于水污染防治行动计划的通知》(国发〔2015〕17号),国务院办公厅印发《关于推进农业水价综合改革的意见》(国办发〔2016〕2号),国家发展和改革委员会、水利部、科技部、住房和城乡建设部、工业和信息化部、农业农村部等有关部门联合印发《国家节水行动方案》(发改环资规〔2019〕695号)、《关于推进污水资源化利用的指导意见》(发改环资〔2021〕13号)、《全民节水行动计划》(发改环资〔2016〕2259号)、《水效标识管理办法》(国家发展和改革委员会、水利部、国家质量监督检验检疫总局令第6号)、《水效领跑者引领行动实施方案》(发改环资〔2016〕876号)、《"十三五"水资源消耗总量和强度双控行动方案》(发改环资〔2016〕379号)、《城镇节水工作指南》(建城函〔2016〕251号)、《城镇供水管网分区计量管理工作指南——供水管网漏损管控体系构建(试行)》(建办城〔2017〕64号)、《关于开展规划和建设项目节水评价工作的指导意见》(水节约〔2019〕136号)、《关于推行合同节水管理促进节水服务产业发展的意见》(发改环资〔2016〕1629号)、《关于加快建立健全城镇非居民用水超定额累进加价制度的指导意见》(发改价格〔2017〕1792号)、《国家鼓励的工业节水工艺、技术和装备目录》(工业和信息化部、水利部公告2021年第35号)等政策文件。

(三)节水管理体系进一步健全

现行有效节水国家标准203项,其中用水产品水效强制性国家标准10项。发布实施国家和省级用水定额2 013项，用水定额覆盖超过85%的作物播种面积、80%的工业用水量和90%的服务业用水量。遴选发布219项工业节水工艺技术装备。发布《国家节水型城市申报与评选管理办法》（建城〔2022〕15号）。建立重点监控用水单位名录，国家、省、市三级重点监控单位达到1.45万个。

（四）节水设施能力得到强化

实施434处大型灌区续建配套和节水改造，新增高效节水灌溉面积超过1亿亩[1]。支持687个重点中型灌区实施节水配套改造，年节水能力达到98亿 m^3。开展高耗水行业节水改造和节水型企业建设，企业内部用水梯级利用和循环利用水平不断提高，全国规模以上工业用水重复利用率达到92.5%。推进城市公共供水管网漏损治理，在全国100多个城市开展供水管网分区计量管理。推进污水资源化利用，缺水城市再生水利用率达到20%左右。

（五）节水示范取得显著成效

创建10批共130个国家节水型城市，其用水总量占全国城市用水总量的58.5%，有力带动了全国城市节水工作。推进4批1 094个县（区）节水型社会达标建设，完成2.29万个节水型企业、5.56万个节水型机关、1.73万个节水型学校、2.56万个节水型居民小区和1.33万个其他节水型单位（医院、宾馆等）建设。钢铁、石化化工、印染等行业41家工业企业列入用水企业水效领跑者，8个灌区列入灌区水效领跑者，20个坐便器型号列入用水产品水效领跑者。

[1] 1亩 = 1/15 hm^2，下同。

二、存在的主要问题

我国水资源短缺形势依然严峻,集约节约利用水平与生态文明建设和高质量发展的需要还存在一定差距。

(一)城镇用水方面

华北地区地下水严重超采。黄河流域水资源利用率高达80%,远超一般流域40%的生态警戒线。不少缺水地区大搞“挖湖造景”。城镇供水管网漏损问题仍较为突出,东北地区部分城镇供水管网漏损率达到20%以上。部分缺水地区盲目发展高耗水服务业,挤占生产、生活、生态合理用水。节水器具还未普及使用,不符合标准的高耗水器具充斥市场。

(二)工业用水方面

部分地区产业空间布局与水资源承载能力不匹配,如400 mm降水线西侧区域高耗水产业集聚,黄河流域盲目上马高耗水项目问题突出。部分行业用水重复利用水平偏低,工业废水资源化利用潜力有待进一步挖掘。

(三)农业用水方面

用水量大、用水效率总体较低,华北、西北等缺水地区仍存在超定额用水等用水不精细现象。种植结构仍不合理,适水种植尚未全面普及,旱作农业发展滞后,400 mm降水线西侧区域依然种植水稻等高耗水作物。全国节水灌溉面积占灌溉总面积不足50%。不少灌区渠系建筑物老化、损毁严重。

(四)非常规水源利用方面

污水资源化利用设施建设滞后,还未形成按需供水、分质供水格局。雨水、矿井水、苦咸水利用能力不足。沿海缺水地区还未将海水淡化水作为主要备用水源,规模化利用程度不够。

与此同时,全民节水意识有待进一步提高,节水优先理念尚

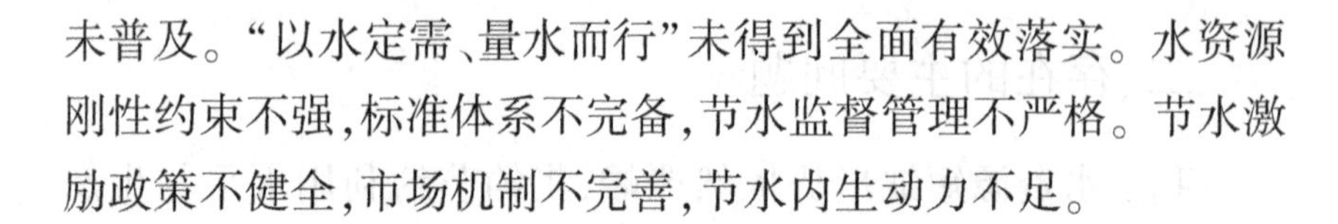

未普及。“以水定需、量水而行”未得到全面有效落实。水资源刚性约束不强，标准体系不完备，节水监督管理不严格。节水激励政策不健全，市场机制不完善，节水内生动力不足。

三、形势要求

“十四五”时期是我国全面建成小康社会、实现第一个百年奋斗目标之后，乘势而上开启全面建设社会主义现代化国家新征程、向第二个百年奋斗目标进军的第一个五年，也是促进水资源节约集约利用、全面推进节水型社会建设的重要机遇期。

（一）新发展阶段对节水型社会建设提出了新要求

习近平生态文明思想日益深入人心，习近平总书记“节水优先、空间均衡、系统治理、两手发力”的治水思路为节水工作提供了根本遵循。在新发展阶段，更应坚持“以水定需、量水而行”，坚决遏制不合理用水需求，加快形成节水型生产生活方式，高质量建设节水型社会。

（二）区域重大战略对节水型社会建设提出了更高要求

实施京津冀协同发展、长江经济带发展、粤港澳大湾区建设、长三角一体化发展、黄河流域生态保护和高质量发展等区域重大战略，推动生态优先、绿色发展，要求实施最严格水资源管理制度，以节约用水扩大发展空间。保障粮食安全、能源安全、生态安全的刚性用水需求，要求进一步提升节水控水措施，提高水资源安全供给能力。

（三）实施国家节水行动为节水型社会建设奠定了良好基础

《国家节水行动方案》明确了近远期有机衔接的节水目标指标，提出了六大重点行动和体制机制改革举措。水利部、国家发展和改革委员会等部门建立节约用水工作部际协调机制，国务院有关部门按照职责分工，共同推进落实国家节水行动。

第三节 节水型社会创建的主要任务

一、坚持以水定需

根据流域区域水资源条件，建立分区水资源管控体系。结合区域发展战略，优化生产、生活、生态空间布局，加快形成与水资源相适应的产业发展格局。完善产业结构调整指导目录。优化农业生产布局，加强粮食生产功能区和重要农产品生产保护区建设。开展水资源论证，实施规划与建设项目节水评价，坚决遏制不合理用水需求。定期组织开展全国水资源承载能力评价，发布超载地区名录，暂停水资源超载地区新增取水许可，组织地方政府限期治理。

二、健全约束指标体系

完善用水定额体系，加快制（修）订重点行业、重点产品省级用水定额，强化用水定额在规划编制、水资源论证、节水评价、取水许可、计划用水、节水载体建设、考核监督等方面的约束作用。健全省、市、县三级行政区用水总量和强度控制指标体系，探索将用水总量控制指标分解落实到地表水源和地下水源。推进跨行政区域江河流域水量分配，明确各行政区水量分配份额、省界和其他重要控制断面下泄水量和流量控制指标，作为各地区地表水开发利用的控制红线。建立地下水取用水总量和水位双控指标体系，制订重点区域地下水超采治理与保护方案，加强地下水开发利用监督管理。

三、严格全过程监管

强化取水许可管理，实行动态监管，从严审批新增取水许可申请，切实从源头把好节水关。开展取(用)水管理专项整治行动，重点整治未经批准擅自取水、未按规定条件取水等违法取(用)水问题，依法规范取(用)水行为。全面推广取水许可电子证照应用。严格自备井管理，依法关闭公共供水管网覆盖范围内的自备井。严格计划用水管理，县级以上人民政府制订年度用水计划，规模以上用水户实行计划用水。加强用水计量监测，健全国家、省、市三级重点监控用水单位名录。

四、推进农业节水设施建设

开展大型灌区续建配套与现代化改造、中型灌区续建配套与节水改造，完善渠首工程和骨干工程体系，加固改造或衬砌干支渠道，有条件的灌区推广管道输水。统筹规划、同步实施高效节水灌溉与高标准农田建设，加大田间节水设施建设力度。在干旱缺水地区，积极推进设施农业和农田集雨设施建设。

五、实施城镇供水管网漏损治理工程

老城区结合更新改造，抓紧补齐供水管网短板，新城区高起点规划、高标准建设供水管网。按需选择、分区计量实施路线，建设分区计量工程，逐步实现供水管网的网格化、精细化管理，积极推进管网改造、供水管网压力调控工程。公共供水管网漏损率达到一级评定标准的城市要进一步降低漏损率，未达到一级评定标准的城市要将公共供水管网漏损率控制到一级评定标准以内。

六、建设非常规水源利用设施

以现有污水处理厂为基础，坚持集中与分散相结合，合理布局建设污水资源化利用设施。鼓励结合组团式城市发展，建设分布式污水处理再生利用设施。缺水地区新建城区提前规划布局再生水管网、调蓄设施、人工湿地净化设施等,并有序开展建设。沿海地区及岛屿根据工业利用和生活用水需求,建设海水直接利用工程和海水淡化工程。干旱半干旱地区,建设新型窖池高效集雨工程,加大雨水利用。华北、西北和东北地区,加快建设微咸水、矿井水等综合利用工程。

七、配齐计量监测设施

完善农业农村用水计量体系,推进大中型灌区渠首和干支渠口门、规模以上地下水取水井监测计量设施安装,农田水利设施因地制宜配套建设实用易行的计量设施。实施城市用户智能水表替代,提高高校、宾馆等公共场所智能计量水平。推进城市河湖湿地新鲜水生态补水全面监测计量。推动工业园区、规模以上工业企业用水计量监测全覆盖,鼓励工业企业配全三级水计量设备,推广重点取(用)水企业水量在线采集、实时监测。

八、加强重大技术研发

将节水基础研究和应用技术创新性研究纳入国家中长期科技发展规划、生态环境科技创新专项规划等。围绕用水精准计量、水资源高效循环利用、节水灌溉控制、管网漏损监测智能化、管网运行维护数字化、污水资源化利用、海水淡化利用等领域,开展节水关键技术和重大装备研发。加强大数据、云技术、人工智能等新一代信息技术与节水技术、管理及产品深度融合。积极开展节水技术、产品评估及推荐服务,鼓励形成节水产业技术创新联盟。结合创新人才推进计划、国家重点研发计划等,加强节水领域高水平、高层次科技队伍建设,提高自主创新能力。加强高校节水相关人才培养,做好人才储备。加强国际合作交流,促进节水技术“引进来”“走出去”。

九、加大推广应用力度

推进产、学、研、用深度融合的节水技术创新体系建设。完善节水技术推广机制,加大先进适用的节水技术、工艺和装备推广力度。建设节水技术推广服务平台,加强先进实用技术的示范和应用,支持节水产品设备制造企业做大做强,尽快形成一批实用高效、有应用前景的科技成果。发布国家鼓励的工业节水工艺、技术和装备目录。推动在钢铁、石化化工、纺织染整、造纸、食品等重点行业遴选100项先进适用的工业节水工艺、技术和装备。加快研发水资源高效利用成套技术设备并进行应用示范,建设节水型社会创新示范区。强化国家高新技术产业开发区、农业高新技术产业示范区等节水科技引领与示范。

十、完善水价机制

建立健全反映水资源稀缺程度和供水成本,有利于促进节约用水、产业结构调整和生态补偿的水价形成机制,充分发挥市场机制和价格杠杆在水资源配置、节约保护方面的作用。深入推进农业水价综合改革,稳步扩大改革范围,以有效灌溉面积范围内的新增大中型灌排工程、高标准农田和高效节水灌溉项目为重点,建立健全农业水价形成机制、精准补贴和节水奖励机制、工程建设和管护机制、用水管理机制等。合理制定农业水价,逐步实现水价不低于工程运行维护成本。完善居民生活用水阶梯水价制度,适度拉大阶梯价格级差。科学制定用水定额,有序推进城镇非居民用水超定额累进加价制度,合理确定分档水量和加价标准。放开再生水、海水淡化水政府定价,推进按照优质优价原则,供需双方自主协商确定。鼓励以政府购买服务方式推动公共生态环境领域污水资源化利用与沿海地区海水淡化规模化利用。

十一、推广第三方节水服务

探索节水、供水、排水和水处理等一体化运行管理机制。在城市公共供水管网漏损治理、公共机构、公共建筑、高耗水工业、高耗水服务业等领域推广合同节水管理。鼓励第三方节水服务企业参与节水咨询、技术改造、水平衡测试和用水绩效评价。规范明晰区域、取(用)水户的初始水权,控制水资源开发利用总量。规范水权市场管理,促进水权规范流转。在具备条件的地区,依托公共资源交易平台,探索推进水权交易机制。创新水权交易模式,探索将节水改造和合同节水取得的节水量纳入水权交易。

十二、广泛开展宣传教育

充分利用电视、报纸、网络等各类媒体,结合"世界水日""中国水周""全国城市节约用水宣传周"开展节水宣传,加大微博、微信、手机报等新媒体的节水新闻报道力度,普及节水知识,倡导绿色消费。深入宣传节水型社会建设成果及典型案例,强化节水护水的舆论导向。建设节水教育社会实践基地,发挥水博物馆、水科技馆、水文化馆、重点水利工程等平台作用,因地制宜开展节水教育社会实践活动。将节水纳入国民素质教育和中小学教育活动,推进节水教育进校园、进社区、进企业、进机关,引导广大群众增强节约保护水资源的思想认识和行动自觉。面向用水单位和各级节水管理部门组织节水载体建设专题培训、基础管理培训以及非常规水资源利用技术业务培训,提升基层节水管理人员业务水平和行业能力。

十三、推进载体建设

推动县域节水型社会达标建设，到2025年，北方60%以上、南方40%以上县(区)级行政区达到节水型社会标准。建设节水型灌区、园区、企业、社区、公共机构，示范带动农业、工业、生活等各领域节水。机关、高校、医院等公共机构发挥表率作用，持续开展节水改造。推广节水型机关建设先进经验、模式和节约用水行为规范。在用水产品、用水行业、大中型灌区和公共机构开展水效领跑者引领行动，发布水效领跑者名单，树立节水先进标杆。

第四节 社会节水方法与措施

一、农业节水

(一)坚持以水定地

统筹考虑流域(区域)水资源条件和粮食安全，充分考虑水资源承载能力，宜农则农、宜牧则牧、宜林则林、宜草则草，在科学确定水土开发规模的基础上，调整农业种植和农产品结构，推动农业绿色转型。在400 mm降水线西侧区域等地区，降低耕地开发利用强度，压减高耗水作物种植面积，扩大优质耐旱高产农牧品种种植面积，优化农作物种植结构，实施深度节水控水，因水因地制宜地推行轮作等绿色适水种植，严禁开采深层地下水用于农业灌溉。合理确定主要农作物灌溉定额。黄河流域、西北内陆地区严禁无序开荒。

(二)推广节水灌溉

持续推进骨干灌排设施提档升级，提高工程输配水利用效率。分区域规模化推广喷灌、微灌、低压管灌、水肥一体化等高效节水灌溉技术。加强灌溉试验和农田土壤墒情监测,推进农业节水技术、产品、设备使用示范基地建设。加快选育推广抗旱抗逆等节水品种,发展旱作农业,推行旱作节水灌溉,大力推广蓄水保墒、集雨补灌、测墒节灌、土壤深松,新型保水剂、全生物降解地膜等旱作农业节水技术和产品。摸清机井底数,建立台账,严格地下水取水计量管理。

(三)促进畜牧渔业节水

加快牧区水利建设,配套发展节水高效灌溉饲草基地。引导畜禽规模养殖场节约场舍冲洗用水。发展节水渔业,发展绿色高效水产养殖模式,积极推广池塘和工厂化循环水养殖、稻渔综合种养、盐碱水养殖等水产养殖节水减排技术。鼓励渔业养殖尾水循环利用。

二、工业节水

(一)坚持以水定产

强化水资源水环境承载力约束,合理规划工业发展布局和规模,优化调整产业结构。严禁水资源超载地区新建扩建高耗水项目,压减水资源短缺和超载地区高耗水产业规模,推动依法依规淘汰落后产能。列入淘汰类目录的建设项目,禁止新增取水许可。推动过剩产能有序退出和转移,严控钢铁、炼油、尿素、磷铵、电石、烧碱、黄磷等行业新增产能,严格实施等量置换或减量置换。大力发展战略性新兴产业,鼓励高产出低耗水新型产业发展,培育壮大绿色发展动能。沿黄各省(区)发布禁止和限制发展的高耗水生产工艺和产品目录。黄河流域相关能源、化工基地,严格区域产业准入,新上能源、化工项目用水效率必须达到国际先进水平。

(二)推进工业节水减污

强化高耗水行业用水定额管理。重点企业开展水平衡测试、用水绩效评价及水效对标。推广应用先进适用节水技术装备,实施企业节水改造,推进企业内部用水梯级、循环利用,提高重复利用率。实施工业废水资源化利用工程,重点围绕火电、钢铁、石化化工、有色、造纸、印染、食品等行业,创建一批工业废水资源化利用示范企业。

(三)开展节水型工业园区建设

推动印染、造纸、食品等高耗水行业在工业园区集聚发展,鼓励企业间串联用水、分质用水,实现一水多用和梯级利用,推行废水资源化利用。推广示范产城融合用水新模式,有条件的工业园区与市政再生水生产运营单位合作,建立企业点对点串联用水系统。鼓励园区建设智慧水管理平台,优化供用水管理。实施国家高新技术产业开发区废水近零排放试点工程。

三、城镇节水和农村节水

(一)坚持以水定城

因水制宜、集约发展,强化水资源刚性约束,合理布局城镇空间,科学控制发展规模,优化城市功能结构、产业布局和基础设施布局。优化资源配置,在提高城市供水保证率的基础上,发挥城市节水的综合效益,提高水资源对城市发展的承载能力。在水资源短缺和超载地区,要严格控制城市和人口规模,限制新建各类开发区和高耗水行业发展。坚决遏制"造湖大跃进",黄河流域、西北缺水地区严控水面景观用水。

(二)推进节水型城市建设

持续创建国家节水型城市,完善和提升节水型城市评价标准。以建设节水型城市为抓手,系统提升城市节水工作,缺水城市应达到国家节水型城市标准要求。将城市节水相关基础设施改造工作纳入城市更新行动,统筹推进供水安全保障、海绵城市建设、黑臭水体治理等工作。缺水城市园林绿化推广选用节水耐旱型植被,采用喷灌、微灌等节水灌溉方式。推广使用节水型坐便器、淋浴器、水嘴等节水器具。

(三)强化高耗水服务业节水

从严控制洗浴场所、高尔夫球场、人工滑雪场等高耗水服务场所用水,严格定额管理,实行超定额累进加价制度。在高尔夫球场、人工滑雪场、洗车行等高耗水服务场所优先利用再生水、雨水等非常规水源,全面推广循环用水技术工艺。

(四)推进农村生活节水

结合新型城镇化和乡村振兴战略,实施农村集中供水管网节水改造,配备安装计量设施,推广使用节水器具。推进农村厕所革命。因地制宜推进农村污水资源化利用,推广"生物+生态"等易维护、低成本、低能耗污水处理技术,鼓励农村污水就地就近处理回用。

第二章　山东省节水型社会建设成效

第一节　基本水情

山东省位于我国东部沿海，地处黄河下游，分属黄河、淮河、海河三大流域，全省河流密集，水系众多。北与河北省为邻，西以河南省为界，南与安徽省、江苏省接壤，土地面积 15.80 万 km^2，共辖 16 个市、136 个县（市、区）。2020 年末，全省总人口 10 152.7 万人，实现地区生产总值 73 129 亿元。

一、水资源禀赋条件

山东省位于温带季风气候区，四季分明，年平均气温在 11.7~14.5 ℃。多年（1956—2016 年）平均降水量 673.0 mm，折合降水总量 1 054 亿 m^3。受气候、地形等因素影响，年降水时空分布不均。降水量自鲁东南沿海向西北内陆递减，崂山和昆嵛山等高值区超过 1 000 mm，鲁西北低值区不足 500 mm；雨季较短、雨量集中，降水量的年内分配很不均匀，全省年降水量约 3/4 集中在汛期（6—9 月），约 1/2 集中在 7—8 月，最大月降水量多发生在 7 月；年降水量的多年变化过程具有明显的丰、枯水交替出现的特点，连续丰水年和连续枯水年现象十分普遍。

全省多年平均地表水资源量 198.15 亿 m^3，浅层地下淡水［M（矿化度）≤2 g/L］资源量 171.65 亿 m^3，重复计算量 67.01 亿 m^3，水资源总量 302.79 亿 m^3，人均水资源量 298 m^3。全省地表水资源可利用量 101.27 亿 m^3，多年平均地下水可开采量

126.59 亿 m^3，当地降水形成的水资源可利用总量 180.77 亿 m^3，水资源可利用率 59.7%。全省黄河干流及支流引水指标为 70 亿 m^3，南水北调东线一期工程分配的调水指标为 14.67 亿 m^3。

二、水资源开发利用状况

2020 年全省总供水量 222.50 亿 m^3。其中，地表水源供水量 135.67 亿 m^3，地下水源供水量 74.96 亿 m^3，其他水源供水量 11.87 亿 m^3。海水直接利用量 77.99 亿 m^3。全省跨流域调水 73.09 亿 m^3，占地表水供水量的 53.87%，其中黄河水 68.84 亿 m^3、南水北调水 4.25 亿 m^3，见图 2.1-1。

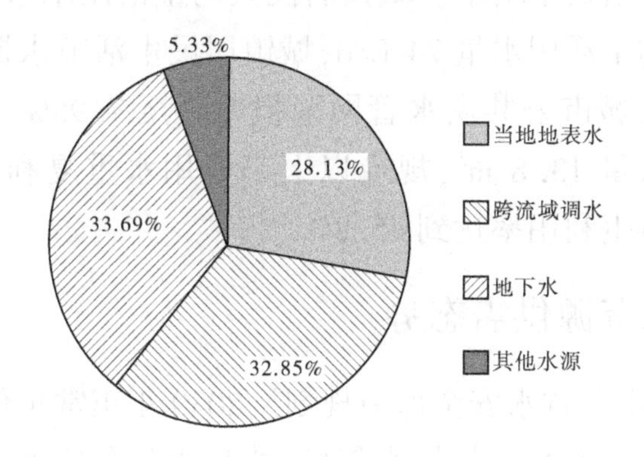

图 2.1-1　2020 年山东省供水总量分水源百分比图

2020 年全省总用水量 220.50 亿 m^3，其中农业用水量 134.04 亿 m^3，工业用水量 31.91 亿 m^3，生活用水量 37.47 亿 m^3，人工生态环境补水量 19.08 亿 m^3。农业用水量、工业用水量、生活用水量、人工生态环境补水量分别占总用水量的 60.24%、14.34%、16.84%、8.58%。农业仍然是用水大户，人工生态环境补水量所占比例稍有提升，见图 2.1-2。

2020 年，全省万元 GDP 用水量 30.4 m^3。农田灌溉水有效

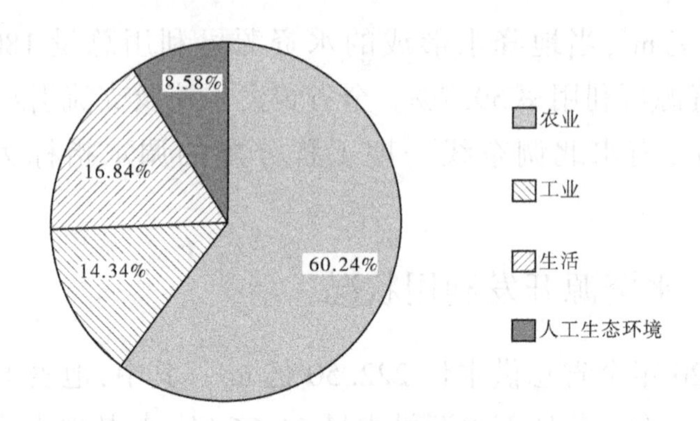

图 2.1-2　2020 年山东省不同行业用水占比图

利用系数达 0.646,耕地实际灌溉亩均用水量 160 m^3,节水灌溉面积近 6 000 万亩,占有效灌溉面积的 70%以上,连续 18 年实现农业增产增效不增水。城镇居民人均生活用水量 82 L/d,农村居民人均生活用水量 74 L/d,城镇居民生活节水器具普及率达到 100%,城市公共供水管网漏损率降至 7.95%。万元工业增加值用水量 13.8 m^3,规模以上工业用水重复利用率 92%。城市污水再生利用率达到 45.8%。

三、水资源供需态势

根据《山东省水安全保障规划》,2030 年正常年份山东省总需水量达 356.6 亿 m^3,枯水年份、特枯水年份需水量达 364.2 亿 m^3,均超出国家下达山东省的用水总量控制指标。据此测算,到 2025 年,正常年份、枯水年份、特枯年份全省可供水总量分别为 273.1 亿 m^3、257.1 亿 m^3、247.5 亿 m^3,需水总量分别为 284.0 亿 m^3、291.6 亿 m^3、291.6 亿 m^3,缺水率分别为 3.8%、11.8%、15.1%,水资源供需矛盾十分突出。为有效缓解水资源供需矛盾,需进一步开源节流,优化产业布局,全面加强节水型社会建设。

第二节　节水成效

“十三五”期间，在山东省委、省政府的领导下，各级水利部门认真贯彻落实“节水优先、空间均衡、系统治理、两手发力”的治水思路，推进节约用水工作取得显著成效，为保障全省水安全、促进经济社会高质量发展作出了重要贡献。全省用水总量、万元 GDP（国内生产总值）用水量、万元工业增加值用水量、农田灌溉水有效利用系数等指标均达到国内领先水平，社会综合用水水平稳步提升。

一、水资源刚性约束机制初步形成

建立了总量控制、源头预防和过程管控有机结合的水资源管理体制机制，严守水资源管理红线，努力推动“以水定城、以水定地、以水定人、以水定产”落实落地。分级、分类别、分年度确定用水量控制目标，实行区域用水总量超指标限批制度。加强规划和建设项目水资源论证，全省 85 个化工园区全部开展了规划水资源论证。将水资源集约节约利用指标纳入山东省对各市经济社会发展综合考核指标体系，严格取水许可，加强用水过程监管，提高用水效率。在全省经济总量持续快速增长的情况下，用水总量基本保持在 220 亿 m^3 左右，实现“增产增效不增水”，水资源刚性约束作用逐步凸显。

二、法规政策与技术标准体系逐步完善

省级层面制定出台《山东省水资源条例》（2017 年 9 月 30 日山东省第十二届人民代表大会常务委员会第三十二次会议通过）《山东省节约用水条例》（2021 年 12 月 3 日山东省第十三届人民代表大会常务委员会第三十二次会议通过），修订《山东省

节约用水办法》(山东省政府令第311号第二次修订)、《山东省用水总量控制管理办法》(山东省政府令第311号修订)。市级层面相继制定实施《威海市节约用水条例》(2017年6月28日威海市第十七届人民代表大会常务委员会第三次会议通过)、《烟台市节约用水条例》(2018年11月6日烟台市第十七届人民代表大会常务委员会第十五次会议通过)、《淄博市节约用水办法》(2018年12月2日市政府令第109号公布)、《济南市节约用水条例》(2020年8月25日济南市第十七届人民代表大会常务委员会第十五次会议通过)、《济宁市节约用水条例》(2022年12月17日济宁市第十八届人民代表大会常务委员会第六次会议通过)。印发《关于全面加强节约用水工作的通知》(鲁政办字〔2017〕151号)、《山东省落实国家节水行动实施方案》(鲁水节字〔2019〕3号)、《关于实施“三线一单”生态环境分区管控的意见》(鲁政字〔2020〕269号)等多项文件。此外,配套制定了水资源税改革、用水总量监测、水资源管理和节约用水监督检查等一系列配套制度。通过建章立制,节约用水工作做到了有法可依、有章可循。

节约用水地方标准体系逐步健全。在全国率先制定《工业园区规划水资源论证技术导则》(DB37/T 3386—2018)、《规划水资源论证技术导则》(DB37/T 4190—2020)、《水资源(水量)监测技术规范》(DB37/T 3858—2020)等地方标准。2017—2021年共发布山东省主要农作物用水定额1项、农业用水定额1项、重点工业产品用水定额27项、服务业用水定额3项、城市居民生活用水定额1项、农村居民生活用水定额1项。节水定额体系不断完善,建立起覆盖全省主要农作物、工业产品和生活服务业的用水定额体系。

三、取(用)水与节约用水监管水平显著提升

水资源监控能力大幅提高,工业用水和生活用水计量率接近100%,超过60%的用水量实现在线监测。结合最严格水资源管理制度考核、“双随机、一公开”监管,加强计划用水管理,将纳入取水许可管理和公共管网内年用水量1万 m^3 以上的工业企业、服务业等单位全部纳入计划用水管理范围。建立了重点监控用水单位名录,其中国家级90家、省级103家、市级526家。实施规划和建设项目节水评价,节水评价工作实现从有名到有实转变。实施用水统计调查制度,建立了全省用水统计调查基本单位名录库。加强节水监督检查,采取“四不两直”等方式对各市开展节水抽查暗访,对检查发现的问题采用“一市一单”进行督促整改,保障了各项节水工作落地见效。积极开展节水管理人员培训,总结县域节水型社会达标建设经验和监督检查过程中发现的问题,全面提升节水监督管理水平。

四、重点领域节水取得显著成效

农业节水增效显著,累计建设节水灌溉面积近6 000万亩、高效节水灌溉面积4 220万亩,推广水肥一体化应用870多万亩,连续18年实现农业增产增效不增水;大力推进水产绿色健康养殖,2020年全省改造池塘4 950 hm^2,实施养殖尾水治理项目66个、工厂化养殖循环水改造项目32个。工业节水减排明显,通过加强高耗水行业结构调整和布局优化,推动企业节水技术改造,全省规模以上工业用水重复利用率达到92%,向国家推荐23项重大工业节水工艺、技术和装备。城镇节水降损突出,实施城市老旧供水管道改造,推进各地建立管网数据自动采集和运行调度系统,在济南、德州、聊城、邹城、高密、临邑等6个市(县)开展了供水管网分区计量管理控制漏损试点,全省城市公共供水管网漏损率降到7.95%。非常规水源利用加大,在工业、景观、市政杂用等领域积极推进污水处理回用,城市再生水利用率达到45.8%,全省累计建成海绵城市面积1 659 km^2,每年海水直接利用量近80亿 m^3。

五、节水示范引领成效明显

截至2020年底,全省共有国家节水型城市22个、省级节水型城市19个,累计94个县(市、区)达到节水型社会评价标准,累计建成节水型工业企业1 831家、节水型居民小区1 544个、节水型生活服务业2 861家。省直机关和省直属事业单位全部建成“山东省节水型单位”。鲁泰纺织股份有限公司等7家企业入选重点用水企业水效领跑者;潘庄灌区入选国家第一批水效领跑者,位山灌区、簸箕李灌区纳入第二批水效领跑者复核名单;17所高校经评估认定达到《节水型高校评价标准》(T/CHES 32—2019 T/JYHQ 0004—2019),7所高校采取合同节水管理模式,为培育节水产业打造了示范亮点。

第三节　面临的机遇

“十四五”是我国实现“两个一百年”奋斗目标的历史交汇期,是山东省贯彻落实习近平总书记“两个走在前列、一个全面开创”重要指示的关键时期,是全省推动黄河流域生态保护和高质量发展,加快新旧动能转换,推动由大到强战略性转变的攻坚期。面对山东省严峻的水资源形势,破解水资源短缺约束,迫切需要坚持节水优先,落实国家节水行动方案,全面推进节水型社会建设。

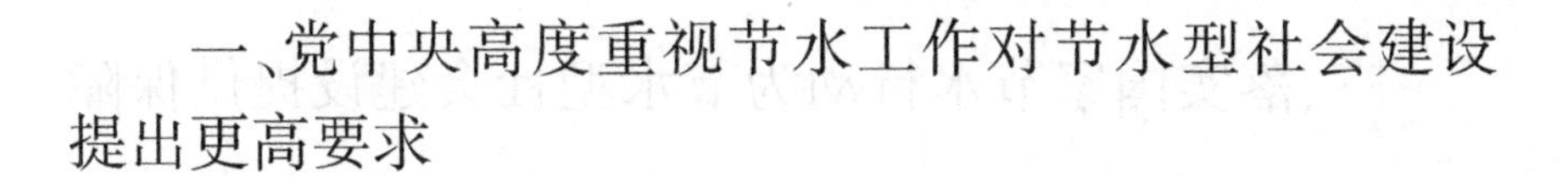

一、党中央高度重视节水工作对节水型社会建设提出更高要求

党的十八大以来,习近平总书记多次就治水管水工作发表了重要论述,提出“节水优先、空间均衡、系统治理、两手发力”的治水思路,“把水资源作为最大的刚性约束,实施全社会节水行动,推动用水方式由粗放向节约集约转变”“要把节水作为受水区根本出路”“要全方位贯彻四水四定原则,走好水安全有效保障、水资源高效利用、水生态明显改善的集约节约发展之路”。党的十九大和十九届五中全会均明确指出实施国家节水行动,明确了“十四五”乃至今后一个时期节水的战略任务。中央一系列部署为节约用水工作指明了方向,提供了根本遵循,也提出了更高要求。

二、推动区域高质量发展对节水型社会建设提出新要求

《山东省国民经济和社会发展第十四个五年规划和 2035 年远景目标纲要》(鲁政发〔2021〕5 号)提出了建设新时代现代化强省的目标。山东省要实现主要领域现代化进程走在前列,新时代现代化强省建设取得突破性进展,必须贯彻新发展理念,着力提升发展质量和效益。这就要求严格用水总量和强度双控,促进经济结构和经济发展方式转变,以节水倒逼产业转型升级、经济提质增效,推进用水方式由粗放向节约集约转变,全面提高水资源利用效率和集约安全利用水平,把节水融入经济社会发展和生态文明建设的各个方面,以水资源的可持续利用保障和促进经济社会可持续发展。

三、落实国家节水行动为节水型社会建设提供保障

自《国家节水行动方案》(发改环资规〔2019〕695号)实施以来,山东省水利厅会同省发展和改革委员会联合印发《山东省落实国家节水行动实施方案》(鲁水节字〔2019〕3号),全省16个设区市全部出台落实国家节水行动实施方案或实施意见。各地各部门联合发力、共同推动,形成上下一致的行动力量,深入推进实施国家节水行动。加强农业节水增效、工业节水减排、城乡节水降损,严格用水过程监控,加强市场引领和科技创新,强化全民参与和社会监督,有效促进全省节约用水工作全面开展。

第三章　区域节水型社会评价方法与评价标准

第一节　节水型社会评价指标体系和评价方法

《节水型社会评价指标体系和评价方法》(GB/T 28284—2012)由水利部提出并归口,于2012年5月11日发布,2012年8月1日实施。

一、范围

《节水型社会评价指标体系和评价方法》(GB/T 28284—2012)规定了节水型社会评价指标体系,明确了指标内涵和计算方法,推荐了评价方法。它适用于各省(自治区、直辖市)及市级行政区节水型社会建设成果的评价,可供县级行政区进行节水型社会建设成果评价时参考。

二、评价指标体系的构成

(一)评价指标选择原则

科学全面:用科学发展观全面筛选实用、可行的节水型社会评价指标,以尽可能少的指标覆盖节水型社会建设的各个方面。

体现层次:所选指标既能反映节水型社会的总体情况,又能反映各分类节水情况。

相对独立:每个指标均反映一个侧面情况,指标之间相关性小。

具有可比性:每个指标应便于横向比较和纵向研究分析,不仅可以进行国内比较,还应方便与国际上进行比较,既要参照国际上的通用指标,又要参考我国水资源利用和经济社会发展的实际情况,选择比较通用的指标。

定量与定性相结合:所选指标能定量的均定量,尚无法定量的予以定性描述。

(二)指标分类

综合性指标:综合反映节水型社会建设成就和效果的指标,包括反映经济发展的指标和水资源可持续利用指标。

农业用水指标:反映农业用水效率和节水情况的主要指标。

工业用水指标:反映工业用水效率和节水情况的主要指标。

生活用水指标:反映生活用水安全保障和城镇生活节水情况的指标。

水生态和环境指标:与水相关的生态及环境情况的有关指标。

节水管理指标:反映节水管理综合情况的指标。

参考指标:虽然非常重要但难以直观评价的指标,或者特定类型区必须考虑的指标。

(三)节水型社会评价指标体系

在进行评价或考核时,可结合各地区实际情况,选用部分参考指标和增补个别地方性特征指标。节水型社会评价指标体系见表3.1-1。

三、指标内涵及计算方法

(1)人均GDP增长率:区域评价期内年人均GDP平均增长率。

表 3.1-1　节水型社会评价指标体系

类别	序号	评价指标	适用范围
综合性指标	1	人均 GDP 增长率	通用
	2	万元 GDP 用水量	通用
	3	取水总量控制度	通用
	4	非常规水源利用替代水资源比例	缺水区
农业用水指标	5	农田灌溉水有效利用系数	通用
	6	节水灌溉工程控制面积比例	通用
工业用水指标	7	万元工业增加值取水量	通用
	8	工业用水重复利用率	通用
生活用水指标	9	城镇供水管网漏损率	通用
	10	节水器具普及率	通用
水生态和环境指标	11	地表水水功能区水质达标率	通用
	12	工业废水达标排放率	通用
	13	城镇污水集中处理率	通用
节水管理指标	14	节水管理机构	通用
	15	水资源和节水法规制度建设	通用
	16	节水型社会建设规划	通用
	17	节水市场运行机制	通用
	18	节水投入机制	通用
	19	节水宣传与大众参与	通用
	20	计划用水率	通用
	21	取水计量率	通用
参考指标	22	人均用水量	通用
	23	城镇人均生活用水量	通用
	24	水资源开发利用率	缺水区
	25	地下水超采程度	地下水超采区
	26	地下水水质达标率	地下水开采区

$$RGZ = \left(\frac{RG_t}{RG_o}\right)^{\frac{1}{t}} - 1 \quad (3.1\text{-}1)$$

式中 RGZ——人均 GDP 增长率；

RG_o——地区评价期初上一年的人均 GDP,元；

RG_t——地区评价期末年份的人均 GDP,元；

t——评价期年数。

人口和 GDP 采用地区统计年鉴,其中 GDP 采用可比价计算。

(2)万元 GDP 用水量:地区评价年每产生一万元地区生产总值的取水量。

$$W_{GDP} = \frac{W_{总}}{G_{总}} \quad (3.1\text{-}2)$$

式中 W_{GDP}——万元 GDP 用水量,m^3；

$W_{总}$——地区评价年总取水量,m^3,按照水资源公报统计口径统计,不包括非常规水源利用量,m^3；

$G_{总}$——地区评价年生产总值,万元。

(3)取水总量控制度:评价年实际取水量与取水总量控制值的比值。

$$K_W = \frac{W_{总}}{W_{控}} \quad (3.1\text{-}3)$$

式中 K_W——取水总量控制度；

$W_{总}$——地区评价年总取水量, m^3；

$W_{控}$——评价地区取水总量控制值,依据当地节水型社会建设规划确定的近期水平年取水总量控制目标,由专家按照评价年降水频率核算,m^3。

(4)非常规水源利用替代水资源比例:评价年海水、苦咸水、雨水、再生水等非常规水源利用量折算成的替代水资源量占水资源总取水量的百分比。

$$T_{非比} = \frac{T_{非}}{W_{总} + T_{非}} \times 100\% \qquad (3.1\text{-}4)$$

$$T_{非} = T_{海} + T_{咸} + T_{雨} + T_{再}$$

式中　$T_{非比}$——非常规水源利用替代水资源比例，%；

$W_{总}$——地区评价年总取水量；

$T_{非}$——非常规水源利用量替代水资源量，m^3；

$T_{海}$、$T_{咸}$、$T_{雨}$、$T_{再}$——海水、苦咸水、雨水、再生水利用量替代水资源量，m^3，$T_{海}$、$T_{咸}$、$T_{雨}$、$T_{再}$由各地区水资源管理部门统计，其中再生水利用不包括排入河道后被农田灌溉利用的水量，替代水资源量除海水冷却用水按利用量的5%计外，其余按利用量计。

（5）农田灌溉水有效利用系数：评价年作物净灌溉需水量占灌溉水量的比例系数。

$$K_{灌} = \frac{W_{灌需}}{W_{灌}} \qquad (3.1\text{-}5)$$

式中　$K_{灌}$——农田灌溉水有效利用系数；

$W_{灌需}$——灌溉作物净灌溉需水量，等于作物需水量扣除生长期的有效降水量，m^3，由各级农业科学研究院、所根据联合国粮农组织 FAO-56 手册中提出的参考作物腾发量——作物系数法确定，其中参考作物腾发量用 Penman-Monteith 公式计算，作物系数由当地的资料确定；

$W_{灌}$——灌溉水量，m^3，按取水口灌溉取水量计算，由各地区水资源管理部门统计。

(6)节水灌溉工程控制面积比例:评价年节水灌溉工程控制面积占有效灌溉面积的百分比。节水灌溉工程包括渠道防渗、低压管灌、喷滴灌、微灌和其他节水工程。

$$B_{节灌} = \frac{F_{节灌}}{F_{有效}} \times 100\% \tag{3.1-6}$$

式中 $B_{节灌}$——节水灌溉工程控制面积比例,%;

$F_{节灌}$——投入使用的节水灌溉工程控制面积,等于渠道防渗、低压管灌、喷滴灌和其他节水工程控制面积之和(同一灌溉面积不能重复计算),按水利统计年鉴统计口径统计,khm^2;

$F_{有效}$——有效灌溉面积,采用水利统计年鉴统计数,khm^2。

(7)万元工业增加值取水量:地区评价年每产生一万元工业增加值的取水量。

$$W_{工} = \frac{Q_{工}}{Z_{工}} \tag{3.1-7}$$

式中 $W_{工}$——万元工业增加值取水量,m^3;

$Q_{工}$——工业取水量,按照水资源公报统计口径统计,不包括非常规水源利用量,m^3;

$Z_{工}$——地区评价年工业增加值,万元。

(8)工业用水重复利用率:评价年工业用水重复利用量占工业总用水量的百分比。

$$R_{工} = \frac{C_{工}}{Y_{工}} \times 100\% \tag{3.1-8}$$

式中 $R_{工}$——工业用水重复利用率,%;

$C_{工}$——工业用水重复利用量,m^3;

$Y_{工}$——工业总用水量,m^3。

(9)城镇供水管网漏损率:评价年自来水厂产水总量与收费水量之差占产水总量的百分比。

$$R_{管} = \frac{W_{供} - W_{收}}{W_{供}} \times 100\% \tag{3.1-9}$$

式中　$R_{管}$——城镇供水管网漏损率,%,可采用城市供水统计年鉴数;

$W_{供}$——自来水厂出厂水量,m^3;

$W_{收}$——自来水厂收费水量,m^3。

(10)节水器具普及率:评价年公共生活和居民生活用水使用节水器具数与总用水器具数之比。节水器具包括节水型水龙头、便器、洗衣机和淋浴器。

$$R_{具} = \frac{J_{节}}{J_{总}} \times 100\% \tag{3.1-10}$$

式中　$R_{具}$——节水器具普及率,%;

$J_{节}$——公共生活和居民生活用水使用节水器具数;

$J_{总}$——公共生活和居民生活用水总用水器具数。

(11)地表水水功能区水质达标率:评价年地表水二级水功能区水质达标个数占地表水水功能区总个数的百分比。

$$R_{年功} = \frac{\sum R_{功i}}{n} \tag{3.1-11}$$

$$R_{功i} = \frac{W_{功标i}}{W_{功总}} \times 100\%$$

式中　$R_{年功}$——评价年地表水水功能区水质达标率,%,由地方水资源保护部门计算;

$R_{功i}$——每次监测时的地表水水功能区水质达标率;

n——年测次;

$W_{功标i}$——每次监测时水功能区水质达标个数;

$W_{功总}$——水功能区总个数。

（12）工业废水达标排放率：评价年达标排放的工业废水量占工业废水排放总量的百分比。

$$R_{工排} = \frac{W_{工标}}{W_{工排}} \times 100\% \qquad (3.1\text{-}12)$$

式中　$R_{工排}$——工业废水达标排放率，%，依据地方环境统计资料计算；

$W_{工标}$——达标排放的工业废水量，m^3；

$W_{工排}$——工业废水排放总量，m^3。

（13）城镇污水集中处理率：评价年城镇集中处理的污水量（达到二级标准）占城镇污水总量的百分比。该指标在欠发达地区统计到县，在发达地区统计到镇。

$$R_{城污} = \frac{W_{城标}}{W_{城污}} \times 100\% \qquad (3.1\text{-}13)$$

式中　$R_{城污}$——城镇污水集中处理率，%；

$W_{城标}$——城镇集中处理达标的污水量，采用污水集中处理厂的统计数，m^3；

$W_{城污}$——城镇工业和生活污水总量，不包括工业企业自身的处理回用量，m^3，由水资源管理部门按照城镇取水总量和耗水量测算。

（14）节水管理机构：水资源统一管理、节水管理机构组织和人员健全。

考评内容及权重：水资源统一管理，权重30%；县级以上人民政府都有节水管理机构，权重20%；县级以下政府有专人负责，权重20%；企业、单位有专人管理，权重15%；农村用水有管理组织，权重15%。

（15）水资源和节水法规制度建设：具有系统的水资源管理

和节约用水规章，节水执法得当。

考评内容及权重：用水总量控制和定额管理相结合的管理制度，权重25%；取水许可制度，权重15%；水资源有偿使用制度，权重10%；水资源论证制度，权重10%；节水减排制度，权重10%；节水产品认证和市场准入制度，权重10%；用水计量制度，权重10%；用水节水统计制度，权重10%。

(16)节水型社会建设规划：县级以上人民政府制定了节水型社会建设规划，节水型社会各项工作按照规划有序进行。

考评内容及权重：规划经地方政府和上一级水利部门批准，权重50%；执行情况，权重50%。

(17)节水市场运行机制：在节水领域形成了政府主导、市场调节、公众参与的良性市场运行机制。

考评内容及权重：政府主导作用，权重30%；市场调节效果，权重20%；公众参与情况，权重20%；激励政策手段，权重30%。

(18)节水投入机制：形成了政府、企业及民间资本对节水型社会建设的有效投入机制。

考评内容及权重：政府投入保障机制，权重40%；投(融)资渠道拓宽机制，权重30%；民间资本投入情况，权重30%。

(19)节水宣传与大众参与：通过各种形式的宣传与监督，广大群众的水资源节约与保护意识广泛增强。

考评内容及权重：水资源节约保护的教育培训体系，权重30%；利用多重形式开展宣传，权重25%；全社会节水意识节水风尚，权重25%；舆论监督举报制度，权重20%。

(14)~(19)共六项指标，由参加评价的专家根据考评内容分项进行定性分析，先按照优秀(90~100分)、良好(75~89分)、合格(60~74分)和不合格(60分以下)分档给分，再按照考评内容的权重,加权计算指标分值。

(20)计划用水率:列入年度取水计划的实际取水量(含自来水厂用户的计划用水量)占总取水量的百分比。

$$R_{计划} = \frac{W_{计划}}{W_{总}} \times 100\% \tag{3.1-14}$$

式中 $R_{计划}$——计划用水率,%;

$W_{计划}$——计划内实际取水量,m^3;

$W_{总}$——地区评价年总取水量,m^3。

(21)取水计量率:所有用水户计量设施取水量占地区取水总量的百分比,包括农业用水计量、工业用水计量、生活用水计量和生态环境用水计量。

$$R_{计量} = \frac{W_{计量}}{W_{总}} \times 100\% \tag{3.1-15}$$

式中 $R_{计量}$——取水计量率,%;

$W_{计量}$——所有用水户计量设施取水量之和,m^3;

$W_{总}$——地区评价年总取水量,m^3。

(22)人均用水量:综合性评价,评价期按地区常住人口计算的人均水资源取用量。

$$W_{人} = \frac{W_{总}}{P_{常}} \tag{3.1-16}$$

式中 $W_{人}$——人均用水量,m^3;

$W_{总}$——地区评价年总取水量,m^3;

$P_{常}$——地区常住人口,万人,按照2010年人口普查规定的口径统计。

(23)城镇人均生活用水量:生活用水指标,评价年地区城镇生活用水量按城镇常住人口的平均值取值。

$$W_{人生} = \frac{W_{城生}}{P_{城常}} \tag{3.1-17}$$

式中 $W_{人生}$——城镇人均生活用水量,m^3;

$W_{城生}$——城镇生活用水总量,包括公共用水和居民生活用水,m^3;

$P_{城常}$——城镇常住人口,万人。

(24)水资源开发利用率:水生态与环境指标,评价区评价期内当地水资源的年均供水量与当地多年平均水资源总量的比值。

$$R_{开}=\frac{W_{供}}{W_{源}}\times 100\% \tag{3.1-18}$$

式中 $R_{开}$——水资源开发利用率,%;

$W_{供}$——评价区评价期内当地水资源的年均供水量,m^3,由水资源管理部门调查计算;

$W_{源}$——当地多年平均水资源总量,m^3,依据水资源综合规划成果计算。

(25)地下水超采程度:地下水超采区评价期地下水开采量中超过可开采量的水量与开采量的比值。

$$R_{地超}=\frac{(W_{地开}-W_{可开})}{W_{可开}}\times 100\% \tag{3.1-19}$$

式中 $R_{地超}$——地下水超采程度,%;

$W_{地开}$——评价期地下水多年平均开采量,m^3,由水资源管理部门调查计算;

$W_{可开}$——评价期地下水多年平均可开采量,m^3,依据水资源综合规划成果计算。

(26)地下水水质达标率:评价区地下水Ⅰ、Ⅱ、Ⅲ类水质面积占地下水评价面积的比例。

$$R_{质地}=\frac{M_{地标}}{M_{地评}}\times 100\% \tag{3.1-20}$$

式中 $R_{质地}$——地下水水质达标率,%;

$M_{地标}$——评价区地下水Ⅰ、Ⅱ、Ⅲ类水质面积之和,km^2,按照地下水测井代表面积计算;

$M_{地评}$——评价区地下水评价面积,km^2。

四、节水型社会评价方法

采用2层层次分析法评价,每一层次评价采用加权平均法进行。推荐采用构造各(类)指标两两比较判断矩阵,由判断矩阵计算各(类)指标的权重。根据评价得分,分为优秀(大于或等于90分)、良好(大于或等于80分、小于90分)、基本合格(大于或等于65分、小于80分)和不合格(小于65分)4类。

(一)层次

本标准确定的节水型社会评价指标体系分为2层。第一层次为“类别”(不包括参考指标类别),第二层次为“评价指标”。各地在评价时应将选择的参考指标和补充的地方性指标放在相应的类别内进行评价。

(二)单层次评价加权计算方法

1. 指标值的规范化处理

各评价指标常具有不同的量纲,不能直接对比,应对原始指标 z_i 进行规范化处理,求得规范值 Z_i。

首先,确定各指标的最大值 Z_m 和最优值 Z_u(最大值和最优值应在同类地区中进行调查后确定。如用于试点验收,可以试点的远期目标值作为最优值),然后对越大越优的指标用式(3.1-21)进行变换,对越小越优的指标用式(3.1-22)进行变换。

$$Z_i = 100 - \frac{Z_u - z_i}{Z_u} \times 100 \qquad (3.1\text{-}21)$$

$$Z_i = \left[1 - \frac{z_i - Z_u}{Z_m - Z_u}\right] \times 100 \qquad (3.1\text{-}22)$$

经过式(3.1-21)和式(3.1-22)变换后的指标规范值 Z_i 为 0~100,100 最优,0 最差。

2. 计算各类指标评价分值

$$p_i = \sum q_i Z_i \tag{3.1-23}$$

式中 p_i——评价地区各类指标的综合评价结果分值;

q_i——各指标的权重;

Z_i——各指标规范值。

(三)综合评价加权计算方法

$$P_{x_i} = \sum Q_i p_i \tag{3.1-24}$$

式中 P_{x_i}——评价地区综合评价结果分值;

Q_i——各指标的权重;

p_i——评价地区各类指标的综合评价结果分值。

(四)评价指标权重的计算

《节水型社会评价指标体系和评价方法》(GB/T 28284—2012)采用的构造两两比较判断矩阵,由各指标之间的两两比较关系判断矩阵计算指标权重。

1. 构造两两比较判断矩阵

对同一层次指标,进行两两比较,以(1~5)标度值表示比较结果,各级标度值的含义见表3.1-2。标度值由评价专家确定。

表3.1-2 (1~5)标度值的含义

标度值	含义
1	表示两个元素相比,具有同样重要性
2	表示两个元素相比,一个元素比另一个元素稍微重要
3	表示两个元素相比,一个元素比另一个元素明显重要
4	表示两个元素相比,一个元素比另一个元素强烈重要
5	表示两个元素相比,一个元素比另一个元素极端重要

2.评价指标相对权重的计算

各评价指标的相对权重,采用方根法层次单排序进行计算。计算公式如下:

$$q_i = \frac{\overline{W_i}}{\sum_{j=1}^{n} \overline{W_j}} \tag{3.1-25}$$

$$\overline{W_i} = M_i^{\frac{1}{n}} \tag{3.1-26}$$

$$M_i = \prod_{j=1}^{n} b_{ij} \tag{3.1-27}$$

式中 q_i ——各评价指标的权重;

n ——判断矩阵的阶数(指标个数);

$\overline{W_i}$——M_i 的 n 次方根;

M_i——判断矩阵每一行元素的乘积;

b_{ij} ——两两指标间的标度值。

3.进行一致性检验

对计算结果需要进行一致性检验,首先计算特征根 $\lambda_{\max}$:

$$\lambda_{\max} = \frac{1}{n} \sum_{i=1}^{n} \frac{(Bq)_i}{q_i} \tag{3.1-28}$$

$$(Bq)_i = \sum b_{ij} \times q_i \tag{3.1-29}$$

然后,计算——致性比例 CR:

$$CR = \frac{CI}{RI} \tag{3.1-30}$$

$$CI = \frac{\lambda_{\max} - n}{n - 1} \tag{3.1-31}$$

式中 RI ——评价随机一致性指标,见表 3.1-3。

表 3.1-3　评价随机一致性指标

阶数	2	3	4	5	6	7	8	9	10
RI	0	0.58	0.90	1.12	1.24	1.32	1.41	1.45	1.49

4. 确定权重

当 $CR < 0.1$ 时,则认为判断矩阵一致性可以接受,否则,检查两两判断矩阵的合理性,修改判断矩阵,重新评价指标的相对权重,直到 $CR < 0.1$,则可确定各(类)评价指标的权重。

(五) 评价结果

评价结果分值 $P_{x_i} \geq 90$ 的地区为优秀;$90 > P_{x_i} \geq 80$ 的地区为良好;$80 > P_{x_i} \geq 65$ 的地区为合格; $P_{x_i} < 65$ 的地区为不合格。

第二节　区域节水评价方法

团体标准《区域节水评价方法(试行)》(T/CHES 46—2020)由中国水利学会归口,2020 年 12 月 16 日发布,2021 年 2 月 1 日实施。

一、范围

标准规定了区域用水节水水平的评价指标和评价方法,适用于行政区、开发(园)区、规划和建设项目涉及区域等各类区域的用水节水水平评价。

二、规范性引用文件

《灌溉用水定额编制导则》(GB/T 29404—2012)、《城镇供水管网漏损控制及评定标准》(CJJ 92—2016)。

三、术语和定义

区域节水评价(regional water saving assessment):通过选取代

表性强、可量化、易获取、表征明显的主要用水指标和其他指标，按照规定的判定方法对区域用水节水水平进行分析评价的过程。

用水定额（water consumption norm）：提供单位产品和服务所需的标准取水量，也称取水定额，包括农业用水定额、工业用水定额、服务业及建筑业用水定额。

用水指标（water use quota）：农业、工业和服务业等主要行业单位产品（服务）的用水量。

四、一般规定

（一）评价指标

区域节水评价指标由行业节水效率指标和综合指标两部分组成。其中，行业节水效率指标主要指各行业用水指标，包括农业用水指标、工业用水指标和服务业用水指标 3 类，合计 8 项指标；综合指标包括万元 GDP 用水量、万元工业增加值用水量、农田灌溉水有效利用系数、公共供水管网漏损率和非常规水源利用占比 5 项指标。评价指标体系及计分细则见表 3.2-1。

（二）指标计算方法

1. 农业用水指标

单种作物的亩均用水量

$$m_{ai} = \frac{V_{ai}}{A_{ai}} \tag{3.2-1}$$

式中 m_{ai} ——单种作物的亩均用水量，m^3/亩；

V_{ai} ——单种作物在大中型灌区斗口、小型灌区渠首、井灌区井口位置的灌溉用水量，m^3；

A_{ai} ——单种作物的灌溉面积，亩。

表 3.2-1 评价指标体系及计分细则

序号	指标类型	指标分类	指标	单位	指标分级阈值及系数			
					先进(1)	较先进(0.8)	一般(0.6)	落后(0.4)
1	行业节水效率指标(60分)	农业用水指标	按灌溉作物播种面积(或灌溉用水量)自大而小排序,选择累计播种面积(或累计灌溉用水量)占总播种面积(或总灌溉用水量)80%以上的作物作为调查样本。当调查样本数量超过3种时,选取播种面积(或灌溉用水量)靠前的3种作物	m^3/亩	$\leqslant E_x$	$E_x \sim 0.5(E_x+E_t)$	$0.5(E_x+E_t) \sim E_t$	$>E_t$
2				m^3/亩	$\leqslant E_x$	$E_x \sim 0.5(E_x+E_t)$	$0.5(E_x+E_t) \sim E_t$	$>E_t$
3				m^3/亩	$\leqslant E_x$	$E_x \sim 0.5(E_x+E_t)$	$0.5(E_x+E_t) \sim E_t$	$>E_t$
4		工业用水指标	高耗水工业企业用水指标	m^3/单位产品	$\leqslant E_x$	$E_x \sim 0.5(E_x+E_t)$	$0.5(E_x+E_t) \sim E_t$	$>E_t$
5			一般工业企业用水指标	m^3/单位产品	$\leqslant E_x$	$E_x \sim 0.5(E_x+E_t)$	$0.5(E_x+E_t) \sim E_t$	$>E_t$
6		服务业用水指标	学校用水指标	m^3/(人·a)	$\leqslant E_x$	$E_x \sim 0.5(E_x+E_t)$	$0.5(E_x+E_t) \sim E_t$	$>E_t$
7			宾馆用水指标	m^3/(床·a)	$\leqslant E_x$	$E_x \sim 0.5(E^x+E_t)$	$0.5(E_x+E_t) \sim E_t$	$>E_t$
8			机关用水指标	m^3/(人·a)	$\leqslant E_x$	$E_x \sim 0.5(E_x+E_t)$	$0.5(E_x+E_t) \sim E_t$	$>E_t$
9	综合指标(40分)	万元GDP用水量(10分)		m^3	$\leqslant E_x$	$E_x \sim 0.5(E_x+E_t)$	$0.5(E_x+E_t) \sim E_t$	$>E_t$
10		万元工业增加值用水量(10分)		m^3	$\leqslant E_x$	$E_x \sim 0.5(E_x+E_t)$	$0.5(E_x+E_t) \sim E_t$	$>E_t$
11		农田灌溉水有效利用系数(10分)		—	$\geqslant E_x$	$0.5(E_x+E_t) \sim E_x$	$E_t \sim 0.5(E_x+E_t)$	$<E_t$
12		公共供水管网漏损率(5分)		%	$\leqslant E_x$	$E_x \sim 0.5(E_x+E_t)$	$0.5(E_x+E_t) \sim E_t$	$>E_t$
13		非常规水源利用占比(5分)		%	$\geqslant E_x$	$0.5(E_x+E_t) \sim E_x$	$E_t \sim 0.5(E_x+E_t)$	$<E_t$

注:1. 相邻2级指标分界值按分值较高的一级予以计分。

2. E_x 为指标先进值,E_t 为指标通用值。

2. 工业用水指标

工业企业某种主要产品单位用水量

$$m_{yi} = \frac{V_{yi}}{Q_{yi}} \tag{3.2-2}$$

式中 m_{yi} ——工业企业某种主要产品的单位用水量,m^3/t;

V_{yi} ——工业企业生产某种主要产品的总用水量,m^3;

Q_{yi} ——工业企业生产某种主要产品的产量,t。

3. 服务业用水指标

单个服务业的单位用水量

$$m_{si} = \frac{V_{si}}{S_{si}} \tag{3.2-3}$$

式中 m_{si} ——单个服务业的单位用水量,$m^3/(人 \cdot a)$或其他单位;

V_{si} ——单个服务业与服务有直接关系的经营或生产年总用水量,m^3/a;

S_{si} ——单个服务业提供某种服务的数量,人或其他单位。

4. 综合指标

1)万元 GDP 用水量

$$W_{GDP} = \frac{W_t}{G_t} \tag{3.2-4}$$

式中 W_{GDP} ——万元 GDP 用水量,m^3;

W_t ——区域用水总量,m^3;

G_t ——区域生产总值,万元。

2)万元工业增加值用水量

$$W_i = \frac{W_{ti}}{G_{ti}} \tag{3.2-5}$$

式中　W_i ——万元工业增加值用水量,m^3;

W_{ti} ——区域工业用水量,m^3;

G_{ti} ——区域工业增加值,万元。

3)农田灌溉水有效利用系数

$$\varphi = \frac{W_n}{W_g} \tag{3.2-6}$$

式中　φ ——农田灌溉水有效利用系数;

W_n ——灌入田间被作物吸收利用的水量,m^3;

W_g ——渠首总引水量,m^3。

4)公共供水管网漏损率

$$R_{BL} = R_{WL} - R_n \tag{3.2-7}$$

$$R_{WL} = \frac{W_{WL}}{W_S} \times 100\% \tag{3.2-8}$$

$$R_n = R_1 + R_2 + R_3 + R_4 \tag{3.2-9}$$

式中　R_{BL} ——公共供水管网漏损率,%;

R_{WL} ——公共供水管网综合漏损率,%;

R_n ——总修正值,%;

W_{WL} ——公共供水管网漏损水量,m^3;

W_S ——公共供水管网总供水量,m^3;

R_1——居民抄表到户水量的修正值,%;

R_2——单位供水量管长的修正值,%;

R_3——年平均出厂压力的修正值,%;

R_4——最大冻土深度的修正值,%;

修正值按照《城镇供水管网漏损控制及评定标准》(CJJ 92—2016)规定计算获得。

5)非常规水源利用占比

$$R_{ur} = \frac{W_u}{W_t} \times 100\% \tag{3.2-10}$$

式中 R_{ur} ——非常规水源利用占比,%;

W_u ——非常规水源利用量,m^3;

W_t ——区域用水总量,m^3。

(三)计分方式和评价等级

采用量化计分方式,总分100分,其中行业节水效率指标60分、综合指标40分。行业用水效率指标中,农业、工业和服务业用水指标分值分别按照评价区域内农业用水量、工业用水量和生活用水量占三者总用水量的权重确定,权重大于0.5的按0.5取值,其余分值由其他两类用水指标按其用水量占比进行分配。

区域节水评价等级按指标得分由高到低分为节水水平先进(≥90分)、节水水平较先进(80~90分,含80分)、节水水平一般(60~80分,含60分)和节水水平落后(<60分)4个等级。

(四)评价数据

应根据国家及有关部门发布的用水定额、水资源开发利用数据、国民经济和社会发展统计资料及相关统计年鉴、统计年报等进行评价。各行业用水指标通过典型调查获得,宜以最近一个完整统计年作为评价水平年。

五、评价指标及典型调查

(一)农业用水指标

农业用水指标主要选择灌溉用水指标,即灌溉作物亩均用水量。

对评价区域的灌溉作物按播种面积(或灌溉用水量)自大而小排序,选择累计播种面积(或累计灌溉用水量)占总播种面积(或总灌溉用水量)80%以上的作物作为调查样本。当调查样本数量超过3种时,选取播种面积(或灌溉用水量)靠前的3

种作物。

根据农业灌溉定额分区，每种作物每个分区选取应不少于4个调查区。调查区的选取应参考《灌溉用水定额编制导则》(GB/T 29404—2012)，可优先选取样点灌区、国家和地方重点监控用水单位，不同作物的调查区可重复计算。当调查区存在多种作物且每种作物用水量无单独计量时，可用调查区评价水平年实际总灌溉水量与应灌总水量进行比较。

应灌总水量计算公式如下：

$$V_{sj} = \sum_{i=1}^{n} M_{ji} A_i \tag{3.2-11}$$

式中　V_{sj} ——对应第 j 级的应灌总水量，m^3；

M_{ji} ——对应第 i 种作物第 j 级的用水指标阈值，m^3/亩；

A_i ——第 i 种作物的播种面积，亩；

j ——对应先进、较先进、一般和落后4级；

i ——第 i 种主要种植作物，$i=1,2,3,\cdots,n$；

n ——调查区内主要种植作物的总数量。

(二)工业用水指标

工业用水指标主要选择单位产品用水量。

高耗水工业企业，主要包括火电、钢铁、纺织、造纸、石化、化工、食品7类。在优先选择国家、省级、市级重点监控用水单位的前提下，每类高耗水工业行业选取用水量靠前的10家企业，不足10家的按实际数量选取，当数量超过100家时，按10%比例选取。每家高耗水工业企业抽取3种典型产品进行评价，不足3种的按实际数量确定。

对一般工业企业，在优先选择国家、省级、市级重点监控用水单位的前提下，省级、市级、县级行政区分别选取用水量靠前的30家、20家、10家工业企业，企业数量不足样本数量要求的，按实际数量选取。每家企业抽取 3 种典型产品进行评价,不足 3 种的按实际数量确定。样本选取应考虑区域内行业代表性。

(三)服务业用水指标

服务业用水指标主要选择学校、宾馆、机关等单位的人(床)均用水量。

学校调查样本以高校为主,在优先选择国家、省级、市级重点监控用水单位的前提下,随机抽取 10 家高校进行评价,不足 10 家的,按实际数量选取,当数量超过 100 家时,按 10%比例选取。

宾馆调查样本按分级选取,在优先选择国家、省级、市级重点监控用水单位的前提下,对四星级、五星级(或具有同等规模、质量、水平)宾馆,随机抽取 10 家,不足 10 家的,按实际数量选取,当数量超过 100 家时,按 10%比例选取。对三星级(或具有同等规模、质量、水平)宾馆,随机抽取 10 家,不足 10 家的,按实际数量选取,当数量超过 200 家时,按 5%比例选取。

机关调查样本随机抽取 20 家,不足 20 家的,按实际数量选取,当数量超过 100 家时,按 20%比例选取。

(四)综合指标

综合指标采取查阅文件、现场核实等方式评价。

万元 GDP 用水量、万元工业增加值用水量、农田灌溉水有效利用系数应以国家或地方的水行政主管部门发布的统计数据为准,水行政主管部门未发布数据的,可按照式(3.2-4)~式(3.2-6)计算获取。公共供水管网漏损率应以国家或地方的住建部门发布的统计数据为准,住建部门未发布数据的,可按照式(3.2-7)计算获取。非常规水源利用占比应优先选择国家或地方水行政主管部门发布的数据进行计算,水行政主管部门未发布数据的,可采用其他相关部门发布的数据进行计算。

六、评价方法

(一)评价指标分级

评价结果分为先进、较先进、一般和落后四级,分别对应1.0、0.8、0.6、0.4的赋分系数。各级指标阈值见表3.2-1。

用水指标根据用水定额进行评价。应优先对标国家用水定额;未制定国家用水定额的,对标省级用水定额。用水定额包括先进值和通用值。未制定先进值的,先进值按通用值的75%取值。当作物用水定额先进值取值低于作物净灌溉用水定额时,按作物净灌溉用水定额取值。农业用水指标应根据评价区域水平年的降水频率,换算成50%水平年下农业用水指标进行评价。折算方法可参照《灌溉用水定额编制导则》(GB/T 29404—2012)。综合指标通用值和先进值应以国家或地方相关行政主管部门发布的数据为准。

(二)计分准则

农业用水指标分值确定原则如下:每种样本作物分值按照其播种面积(或灌溉用水量)占所有样本作物总播种面积(或总灌溉用水量)的权重确定。每个作物调查区的分值按照该调查区该种植作物播种面积(或灌溉用水量)占该种作物所有调查区总播种面积(或总灌溉用水量)的权重确定。所有调查区得分加和汇总作为该种作物的农业用水指标分值。所有样本作物分值加和汇总作为评价区域的农业用水指标分值。

工业用水指标分值确定原则如下:高耗水工业企业与一般工业企业分值分别按0.7和0.3的权重确定。

对高耗水工业企业,将分值平均分配给评价区域内现有的各类高耗水行业。每个调查产品分值按照该产品用水量占该调查企业所有调查产品用水量的权重确定。各调查产品的实际分值之和为每个调查企业的分值。对所有调查企业分值按照用水量加权平均,作为该类高耗水工业企业用水指标分值。

对一般工业企业,每个调查产品分值按照该产品用水量占该调查企业所有调查产品总水量的权重确定。各调查产品的实际分值之和为每个调查企业的分值,将所有调查企业分值按照用水量加权平均,作为评价区域的一般工业企业用水指标分值。

服务业用水指标分值确定原则如下:学校、宾馆、机关的分值分别按0.4、0.3和0.3的权重确定。将每类服务业调查单位分值按照用水量加权平均,作为该类服务业用水指标分值。3类服务业分值加和汇总作为评价区域的服务业用水指标分值。

(三)缺项处理

评价区域内不存在农业、工业、服务业用水指标或其他指标的,按合理缺项处理,即该项不得分,评价区域总分值应按下式折算:

$$\text{评价区域总分值}=\frac{\text{实际总得分}}{100\text{分}-\text{合理缺项对应分值}}\times 100\text{分} \tag{3.2-12}$$

当对工业园区进行节水评价时,只评价工业用水指标,农业、服务业和其他指标可按缺项处理;当对灌区进行节水评价时,只评价农业用水指标,工业、服务业和其他指标可按缺项处理。

第三节　节水型社会评价标准

为深入贯彻节水优先方针,落实2017年中央一号文件要求,全面推进节水型社会建设,实现水资源可持续利用,2017年,水利部以水资源〔2017〕184号印发通知,公布《节水型社会评价标准(试行)》。2023年8月18日,水利部修订印发《节水型社会评价标准(试行)》。

一、适用范围

《节水型社会评价标准(试行)》适用于直辖市所辖区、设区

市所辖区、县(县级市、自治县、旗)等节水型社会评价工作。经济开发区等区域的节水型社会达标建设可参照本标准进行评价。

二、必备条件

制订县域节水型社会达标建设实施方案,明确达标建设目标任务责任分工和完成时限。评价年县域用水总量和强度符合控制指标要求。评价年县域江河取水量和地下水取水量符合控制指标要求。评价年中央环保督察,长江经济带和黄河流域生态警示片。中央巡视、国家审计、媒体报道等未发现重大节水问题。

三、评价内容

(一)节水型社会评价指标

评价指标共分 12 项,具体包括:用水定额管理、计划用水管理、用水计量、水价机制、节水评价、节水“三同时”管理、节水载体建设、供水管网漏损控制、生活节水器具推广、非常规水源利用、节水宣传和加分项。12 项评价指标细化为 24 项评价内容。

(二)评价方法

除标准特别指出外,计算得分采用上一年的资料和数据进行评价。发现同一问题涉及多个评价指标扣分项的,不重复扣分。总分 85 分及以上者认定为达到节水型社会标准要求。

节水型社会评价赋分表见表 3. 3-1。

表 3. 3-1 节水型社会评价赋分表

序号	评价标准	评价内容	赋分标准	标准分	得分[1]
1	用水定额管理	严格各行业用水定额管理,强化定额使用	在水资源论证、节水评价、取水许可、计划用水、节水载体认定等工作中符合用水定额管理规定的,得 8 分;发现(指在复核评估、评价年监督检查中发现,下同)一例不符合用水定额管理规定的,扣 1 分,扣完为止	8	

续表 3.3-1

序号	评价标准	评价内容	赋分标准	标准分	得分[1]
2	计划用水管理	严格计划用水管理，推动计划用水管理全覆盖	纳入计划用水管理的用水单位数量占应纳入计划用水管理的用水单位数量比例达到100%，得8分；每低2%，扣1分，扣完为止；发现一例计划用水管理不规范的，扣1分，扣完为止	8	
3	用水计量	完善农业灌溉用水监测计量体系	北方地区[3]：农业灌溉用水计量率[4]≥80%，得4分；每低3%，扣1分，扣完为止；南方地区[3]：农业灌溉用水计量率≥60%，得4分，每低3%，扣1分，扣完为止；发现大中型灌区渠首和干支渠口门没有实现取水计量的，每处灌区扣1分，扣完为止；发现有5万亩以上的大中型灌区渠首取水口未实现在线计量的，每处灌区扣1分，扣完为止	4	
		完善工业用水监测计量体系	工业用水计量率[5]为100%，得4分；每低2%，扣1分，扣完为止；发现一例工业用水计量不符合要求的，扣1分，扣完为止；发现有国家、省、市三级重点监控工业企业用水户用水计量率未达到100%的，本项不得分		

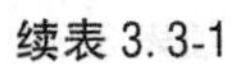
续表 3.3-1

序号	评价标准	评价内容	赋分标准	标准分	得分[1]
4	水价机制	推进农业水价综合改革，建立健全农业水价形成机制和农业用水精准补贴机制	农业水价综合改革实际实施面积[6]占全县灌溉面积比例达到80%，得2分；每低1%，扣0.1分，扣完为止；印发农业水价综合改革精准补贴办法的，得1分；财政落实农业水价综合改革精准补贴资金的，得1分	4	
		实行城镇居民用水阶梯水价制度	实行城镇居民生活用水阶梯水价制度，得4分；发现一例制度未有效落实的，扣1分，扣完为止		
		推进农村供水工程水费收缴	农村集中供水工程水费收缴率≥90%，得4分；每低1%，扣0.2分，扣完为止		
		实行非居民用水超计划超定额累进加价制度	实行非居民用水超计划超定额累进加价制度，得4分；发现一例制度未有效落实的，扣1分，扣完为止		
		水资源税（费）征缴	按标准足额征缴水资源税（费）[7]，得4分；发现一例未足额征缴，且未采取催缴措施的，扣1分，扣完为止		
5	节水评价	节水评价制度落实情况	严格落实节水评价制度，得6分；发现一例在水资源论证、相关规划编制等工作中节水评价应开展未开展或不符合技术、管理要求的，扣1分，扣完为止	6	
6	节水“三同时”管理	新建、扩建、改建建设项目[8]执行节水设施与主体工程同时设计、同时施工、同时投产制度	新建、扩建、改建建设项目全部执行节水“三同时”管理制度，得6分；发现一例未落实节水“三同时”管理制度的，扣1分，扣完为止	6	

续表 3.3-1

序号	评价标准	评价内容	赋分标准	标准分	得分[1]
7	节水载体建设	推进节水型灌区建设	通过省级复核确认的大中型节水灌区[9]面积占全县灌溉面积70%以上,得3分;占60%~70%(含)得2分;占50%~60%(含)得1分。其中,一个以上大中型节水型灌区通过水利部复核确认的,加1分	4	
		推进节水型企业建设	北方地区:重点用水行业节水型企业建成率[10]≥50%,得4分,每低2%,扣1分,扣完为止;南方地区:重点用水行业节水型企业建成率≥40%,得4分,每低2%,扣1分,扣完为止;发现一例节水型企业建设不规范,未达到节水型企业相关标准的,扣1分,扣完为止		
		推进公共机构节水型单位建设	公共机构节水型单位建成率[11]≥50%,得4分,每低2%,扣1分,扣完为止;发现一例公共机构节水型单位建设不规范,未达到公共机构节水型单位相关标准的,扣1分,扣完为止		
		推进节水型居民小区建设	北方地区:节水型居民小区建成率[12]≥20%,得4分,每低1%,扣2分,扣完为止;南方地区:节水型居民小区建成率≥15%,得4分,每低1%,扣2分,扣完为止;发现一例节水型居民小区建设不规范,未达到节水型居民小区相关标准的,扣1分,扣完为止		

续表 3.3-1

序号	评价标准	评价内容	赋分标准	标准分	得分[1]
8	供水管网漏损控制	公共供水管网漏损率[13]	按《城市供水管网漏损控制及评定标准》(CJJ 92—2016)规定核算后的漏损率≤9%,得 8 分;每高1%,扣 1 分,扣完为止	8	
9	生活节水器具推广	全面推动公共场所[14]、居民家庭使用生活节水器具,强化水效标识[15]管理	公共场所和新建小区居民家庭全部采用节水器具,得 6 分;发现一例不符合节水标准或不符合水效标识管理规定的,扣 1 分,扣完为止	6	
10	非常规水源利用	加强非常规水源配置利用	对具备非常规水源利用条件的用水户,在下达用水计划时配置非常规水源的,得 2 分,发现一例应配置而未配置的,扣 1 分,扣完为止	2	
		再生水利用率[16]	北方地区:再生水利用率≥20%,得 6 分,每低 1%,扣 1 分,扣完为止;南方地区:再生水利用率≥15%,得 6 分,每低 1%,扣 1 分,扣完为止	6	
11	节水宣传	开展节水宣传教育活动	利用“世界水日”“中国水周”“城市节水宣传周”开展节水宣传活动,得 3 分;开展节水宣传进机关、进校园、进企业、进社区、进农村活动,每做一项得 1 分,最多得 3 分	6	

续表 3.3-1

序号	评价标准	评价内容	赋分标准	标准分	得分[1]
12	加分项	节水激励机制	本级人民政府对节水项目建设、节水科技创新、节水技术推广应用、节水产业发展等出台补贴或其他激励政策,加2分	2	
		节水示范引领	县域内有企业、公共机构、产品、灌区被评为国家级水效领跑者的,加2分;被评为省级水效领跑者或省级节水标杆的,每个加1分;本项最多加2分	2	
		合同节水管理	每实施一个合同节水管理项目加1分,本项最多加3分	3	
		水权市场化交易	每实施一个水权市场化交易加1分,本项最多加3分	3	
	总分[2]				

说明:[1]标准中涉及相关评价指标要求,应按创建当时国家最新规定执行。

[2]如遇缺项,则该项不得分,评价总分按照公式进行折算,折算公式为:评价总分=(实际总得分-加分项得分)×100/(100-缺项对应分值)+加分项得分。加分项不计入缺项。

[3]北方地区包括北京、天津、河北、山西、内蒙古、辽宁、吉林、黑龙江、山东、河南、陕西、甘肃、宁夏、新疆等14个省(自治区、直辖市)。其他省(自治区、直辖市)为南方地区。

[4]农业灌溉用水计量率是指有计量设施或者以电折水等间接计量方式的农业取水口灌溉取水量占灌溉总取水量的比例。

[5]工业用水计量率指工业用水计量水量与工业用水总量的比值。

[6]农业水价综合改革实际实施面积是指县级行政区自部署实施农业水价综合改革以来已实施的总面积。

[7]未实施水资源费改税的县域,对水资源费征缴情况进行评价赋分。

[8]新建、扩建、改建建设项目实施主体包括纳入取水许可管理的用水户和从公共供水管网取水的用水户。

[9]县域管辖范围内无大中型灌区，按缺项折算处理。

[10]重点用水行业节水型企业建成率指重点用水行业节水型企业数量与重点用水行业企业总数的比值。重点用水行业包括火力发电、钢铁、纺织、造纸、石化和化工、食品和发酵等。原则上统计年用水量1万 m^3 以上的企业；没有年用水量1万 m^3 以上的重点用水行业企业，按缺项折算处理。

[11]公共机构节水型单位建成率指公共机构节水型单位数量与公共机构总数的比值。公共机构包括县(区)级机关和县(区)直事业单位。

[12]节水型居民小区建成率指节水型居民小区数量与居民小区总数的比值。居民小区是指由物业公司统一管理、实行集中供水的城镇居民小区。

[13]公共供水管网漏损率计算：[(公共供水总量－城镇公共供水注册用户用水量)÷公共供水总量]×100%-修正值。公共供水注册用户用水量是指水厂将水供出厂外后，各类注册用户实际使用到的水量，包括计费用水量和免费用水量。计费用水量指收费供应的水量，免费用水量指无偿使用的水量。

[14]公共场所是指公用建筑物、活动场所等。

[15]《中华人民共和国实行水效标识的产品目录》规定加施水效标识的产品。

[16]再生水利用率指再生水利用量与污水处理厂处理后水量的比值(指市政处理部分，不含企业内部循环利用部分。再生水指污水经过适当处理后，达到一定的水质指标，满足某种使用要求，可以再次利用的水。

第四节　节水型载体评价相关标准

一、节水型企业评价导则(GB/T 7119—2018)

中华人民共和国国家标准《节水型企业评价导则》(GB/T 7119—2018)由全国节水标准化技术委员会(SAC/TC 442)提出并归口，于2018年12月28日发布，2019年4月1日实施。

(一)范围

标准规定了节水型企业的相关术语和定义、评价原则、评价指标体系及要求，适用于工业企业的节水评价工作，其他企业节水评价工作可参照本标准。

(二)规范性引用文件

《水平衡测试通则》(GB/T 12452—2022)、《节约用水术语》(GB/T 21534—2021)、《单位水计量器具配备和管理通则》

（GB/T 24789—2022）。

（三）术语和定义

《节约用水　术语》（GB/T 21534—2021）界定的以及下列术语和定义适用于本文件。

节水型企业（water saving enterprises）：采用先进适用的管理措施和节水技术，经评价用水效率达到国内同行业先进水平的企业。

（四）评价原则

评价指标应能体现企业在用水管理和用水效率提升方面的实际水平，定性与定量评价相结合。应考虑不同行业、不同产品生产的用水特点，以及地区各种水资源的禀赋差异。对不同类型企业应具有一定的通用性，同行业的企业之间应具有较好的可比性。应具有可操作性，数据来源真实可信，计量和统计口径一致，便于评价。

（五）评价指标体系及要求

节水型企业评价指标体系包括基本要求、管理指标和技术指标。

1. 节水型企业的基本要求

节水型企业应全部满足基本要求，见表3.4-1。

表3.4-1　节水型企业基本要求

序号	项目
1	生活用水和生产用水分别计量付费
2	自制蒸汽单位应将供汽锅炉蒸汽冷凝水回收至锅炉水补水；外购蒸汽单位应当充分利用蒸汽冷凝水，严禁直接排放
3	工艺用水及直接冷却水不直排，应回用或重复使用
4	水计量器具的配备与管理符合GB/T 24789—2022的要求（并附水计量器具规格型号清单）

续表 3.4-1

序号	项目
5	按规定周期开展过水平衡测试或用水审计(过水平衡测试报告书或用水审计报告应通过主管部门的专家评审文件或能够证明其效力的文件)
6	企业废水排放符合标准要求(并附地方环保证明或地方排污许可证)
7	不使用国家明令淘汰的用水设备和器具
8	取用水手续齐全(并附批件、复印件)
9	近三年无超计划、超定额用水(并附地方节水办证明)
10	新建、改建、扩建项目时,节水设施应与主体工程同时设计、同时施工、同时投入运行,做到用水计划到位、节水目标到位、管水制度到位、节水措施到位(简称节水“三同时”“四到位”制度)

2. 节水型企业的管理指标

节水型企业的管理指标主要评价企业的节水管理制度、管理机构、供排水设施和用水设备管理、水计量管理、水平衡测试、节水技术改造及投入、节水宣传等,具体指标及要求见表 3.4-2。

表 3.4-2　节水型企业的管理指标及要求

序号	指标名称	要求
1	管理制度	有科学合理的节约用水管理制度;实行用水计划管理,制定节水规划和年度用水计划并分解到各主要用水部门;有健全的节水统计制度,应定期向相关管理部门报送节水统计报表
2	管理机构	节水管理组织机构健全。有主要领导负责用水、节水工作,有用水、节水管理部门和专(兼)职用水、节水管理人员,岗位职责明确

续表 3.4-2

序号	指标名称	要求
3	管网(设备)管理	用水情况清楚,有详细的供排水管网和计量图网络图;有日常巡查和保修检修制度。有问题及时解决,定期对管道和设备进行检修
4	水计量管理	原始记录和统计台账完整规范并定期进行分析;内部实行定额管理,节奖超罚
5	水平衡测试	依据 GB/T 12452—2022 进行水平衡测试;保存有完整的水平衡测试报告书及有关文件
6	节水技术改造及投入	企业注重节水资金投入,每年列支一定资金用于节水工程建设、节水技术改造,所采用的生产工艺与装备,应符合国家产业政策、技术政策和发展方向,采用节水型设备
7	节水宣传	经常性开展节水宣传教育,职工有节水意识

3. 节水型企业的技术指标

1) 节水型企业的技术指标及要求

节水型企业技术指标包括企业取水、重复利用、用水漏损、计量、排水以及非常规水源利用等方面;应根据不同行业取水、用水和排水的特点按照表 3.4-3 选择不同的技术指标;技术指标应达到本行业的先进水平,具体指标及要求见表 3.4-3。

表 3.4-3　节水型企业的技术指标及要求

评价内容	技术指标	单位
取水	单位产品取水量	m^3/单位产品
	化学水制取系数	—

续表 3.4-3

评价内容	技术指标	单位
重复利用	重复利用率	%
	直接冷却水循环率	%
	循环水浓缩倍数	—
	蒸汽冷凝水回收率	%
	蒸汽冷凝水回用率	%
	废水回用率	%
用水漏损	用水综合漏损率	%
计量	水表计量率	%
	水计量器具配备率	%
排水	单位产品排水量	m^3/单位产品
	达标排放率	%
非常规水源利用	非常规水源替代率	%
	非常规水源利用率	%

2)节水型企业的技术指标的计算方法

(1)单位产品取水量

$$V_{ui} = \frac{V_i}{Q} \tag{3.4-1}$$

式中　V_{ui}——单位产品取水量,m^3/单位产品;

V_i——在一定计量时间内,企业用于生产该产品的取水量,m^3;

Q——在一定计量时间内的产品产量。

(2)化学水制取系数

$$K_1 = \frac{V_{cin}}{V_{ch}} \tag{3.4-2}$$

式中　K_1——化学水制取系数;

V_{cin}——制取化学水所用的取水量(软化水量、除盐水量折算成的取水量），m^3；

V_{ch}——化学水水量（软化水量、除盐水量），m^3。

注：当无计算资料（外购折算）时，其折算系数可取1.10。

（3）重复利用率

$$R=\frac{V_r}{V_i+V_r}\times 100\% \tag{3.4-3}$$

式中 R——重复利用率，%；

V_r——在一定计量时间内，企业的重复利用水量，m^3；

V_i——在一定计量时间内，企业的取水量，m^3。

（4）直接冷却水循环率

$$R_d=\frac{V_{dr}}{V_{df}+V_{dr}}\times 100\% \tag{3.4-4}$$

式中 R_d——直接冷却水循环率，%；

V_{dr}——直接冷却水循环量，m^3/h；

V_{df}——直接冷却水循环系统补充水量，m^3/h。

（5）循环水浓缩倍数

$$N=\frac{C_{cy}}{C_f} \tag{3.4-5}$$

式中 N——循环水浓缩倍数；

C_{cy}——间接冷却循环冷却水实测某离子浓度，mg/L；

C_f——间接冷却循环系统补充水实测某离子浓度，mg/L。

（6）蒸汽冷凝水回收率

$$R_b=\frac{V_{br}}{D}\times \rho_b\times 100\% \tag{3.4-6}$$

式中 R_b——蒸汽冷凝水回收率，%；

V_{br}——在统计期内，蒸汽冷凝水回收量（应包括外供量，特指外供给有效使用不降低能损的用户），m^3/h；

D——在统计期内，生产过程中产汽设备的产汽量+进入装置的蒸汽量-外供出装置的蒸汽量，t/h；

ρ_b——冷凝水体积质量，t/m^3。

(7)蒸汽冷凝水回用率

$$R_b = \frac{V_{br}}{D} \times \rho \times 100\% \tag{3.4-7}$$

式中　R_b——蒸汽冷凝水回用率，%；

V_{br}——蒸汽冷凝水回用量，m^3/h；

D——产汽设备的产汽量，t/h；

ρ——蒸汽体积质量，t/m^3。

注：V_{br}、ρ 均指在标准状态下。

(8)废水回用率

$$K_W = \frac{V_w}{V_d + V_w} \times 100\% \tag{3.4-8}$$

式中　K_W——废水回用率，%；

V_w——在一定的计量时间内，企业对外排放废水自行处理后的回用水量，m^3；

V_d——在一定的计量时间内，企业的排水量，m^3。

(9)用水综合漏损率

$$K_l = \frac{V_l}{V_i} \times 100\% \tag{3.4-9}$$

式中　K_l——用水综合漏损率，%；

V_l——在一定的计量时间内，企业的漏损水量，m^3；

V_i——在一定的计量时间内，企业的取水量，m^3。

(10)水表计量率

$$K_m = \frac{V_{mi}}{V_i} \times 100\% \tag{3.4-10}$$

式中　K_m——水表计量率，%；

V_{mi}——在一定的计量时间内，企业或企业内各层次用水单元的水表计量用(或取)水量，m^3；

V_i——在一定的计量时间内，企业或企业内各层次用水单元的用（或取）水量，m^3。

注：一般计算以下取水、用水的水表计量率：入厂的取水量、非常规水源用水量、企业内主要用水单元以及重点用水设备或系统的用水量，特别是循环用水系统、串联用水系统、外排废水回用系统的用水量。

（11）水计量器具配备率

$$R_P = \frac{N_S}{N_I} \times 100\% \tag{3.4-11}$$

式中 R_P——水计量器具配备率，%；

N_S——实际安装配备的水计量器具数量；

N_I——按标准要求需要配备的水计量器具数量。

（12）单位产品排水量

$$V_{ud} = \frac{V_d}{Q} \tag{3.4-12}$$

式中 V_{ud}——单位产品排水量，m^3/单位产品；

V_d——在统计期内，装置的排水量，m^3；

Q——在统计期内，产品产量。

（13）达标排放率

$$K_d = \frac{V_{d'}}{V_d} \times 100\% \tag{3.4-13}$$

式中 K_d——达标排放率，%；

$V_{d'}$——在一定的计量时间内，企业达到标准的排水量，m^3；

V_d——在一定的计量时间内，企业的排水量，m^3。

（14）非常规水源替代率

$$K_h = \frac{V_{ih}}{V_i + V_{ih}} \times 100\% \tag{3.4-14}$$

式中 K_h——非常规水源替代率，%；

V_{ih}——在一定的计量时间内，非常规水源所替代的取水

量，m^3；

V_i——在一定的计量时间内，企业的取水量，m^3。

(15)非常规水源利用率

$$K_u = \frac{V_{iu}}{V} \times 100\% \tag{3.4-15}$$

式中 K_u——非常规水源利用率，%；

V_{iu}——在一定的计量时间内，非常规水源利用量，m^3；

V——在一定的计量时间内，非常规水源总量，m^3。

(六)节水型企业管理指标计分方法

节水型企业管理指标的计分满分为60分，得分在52分(含52分)以上，且序号1、2、4、5四项评分不低于34分(含34分)的企业达到“节水型企业管理指标”的要求。节水型企业管理指标计分方法见表3.4-4。

表3.4-4 节水型企业管理指标计分方法

序号	指标名称	评价内容	评价方法	评分
1	管理制度	有科学合理的节约用水管理网络和岗位责任制	查阅文件、网络图和工作记录	4
		制订节水规划和用水计划	查阅有关文件和记录	4
		有健全的节水统计制度，应定期向相关管理部门报送节水统计报表	查阅有关资料	4
2	管理机构和人员	有主要领导负责用水、节水工作	查阅有关文件和会议记录	4
		有用水、节水管理部门和专(兼)职用水、节水管理人员	查阅企业文件	4

续表 3.4-4

序号	指标名称	评价内容	评价方法	评分
3	管网(设备)管理	有详细的供水管网图、排水管网图和计量网络图	查阅图纸及查看现场	5
		有日常巡查和保修检修制度,定期对管道和设备进行检修	查阅巡查记录和落实情况	3
4	水计量管理	原始记录和统计台账完整规范并定期进行分析	查阅台账和分析报告,核实数据	4
		内部实行定额管理,节奖超罚	查阅定额管理节奖超罚文件和资料	4
5	水平衡测试	按规定周期进行水平衡测试	查阅水平衡测试报告书及有关文件	8
6	节水技术改造及投入	企业注重节水资金投入,每年列支一定资金用于节水工程建设、节水技术改造	查阅有关工作记录	4
		使用节水新技术、新工艺、新设备	节水设备管理好且运行正常	4
7	节水宣传	经常开展节水管理和培训、节水宣传教育、节水奖励	查看相关资料	4
		职工有节水意识	询问职工节水常识	4

二、《服务业节水型单位评价导则》(GB/T 26922—2011)

中华人民共和国国家标准《服务业节水型单位评价导则》(GB/T 26922—2011)由全国工业节水标准化技术委员会(SAC/TC 442)提出并归口,于2011年9月29日发布,2012年3月1日实施。

(一)范围

《服务业节水型单位评价导则》(GB/T 26922—2011)规定了服务业节水型单位的相关术语和定义、评价指标体系及要求,

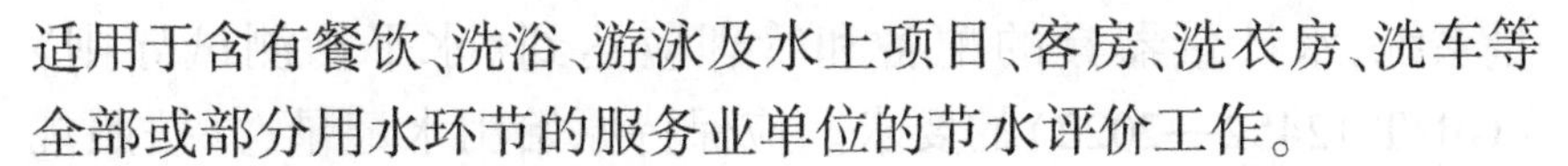

适用于含有餐饮、洗浴、游泳及水上项目、客房、洗衣房、洗车等全部或部分用水环节的服务业单位的节水评价工作。

(二)规范性引用文件

《节水型企业评价导则》(GB/T 7119—2018)、《水平衡测试通则》(GB/T 12452—2022)、《节水型产品通用技术条件》(GB/T 18870—2011)、《用水单位水计量器具配备和管理通则》(GB/T 24789—2022)、《民用建筑节水设计标准》(GB 50555—2010)。

(三)术语和定义

《节水型企业评价导则》(GB/T 7119—2018)界定的以及下列术语和定义适用于本文件。

服务业节水型单位(water saving users in service industry):按照有关法律、法规、政策和标准要求建立和实施节水管理制度,经综合评价其各项管理和技术指标符合本标准要求的服务业单位。

(四)评价指标体系及要求

服务业节水型单位评价指标体系包括基本要求、管理指标、技术指标及鼓励性指标。

1. 基本要求

服务业单位在新建、改建和扩建项目时,应实施节水的“三同时”制度。应严格执行国家相关取水许可制度,开采城市地下水应符合相关规定。不应使用国家明令淘汰的用水设备和器具。应定期进行综合用水分析或依据《水平衡测试导则》(GB/T 12452—2022)进行水平衡测试。

2. 管理指标

服务业单位应建立完善的用水管理和考核制度,并设专人负责节水组织、管理和实施工作。应制订合理的用水计划、节水目标和实施方案,定期检查和分析实施效果,及时进行整改。应制订完善的节水宣传计划,开展节水宣传教育培训。应有完善的供水管网图,有完善的管网设备维护检修、抢修制度,及时发现并解决跑冒滴漏等问题。应有完善的计量管理制度和用水计量系统,水计量器具的配备和管理应达到《水平衡测试导则》(GB/T 12452—2022)的要求。应保持原始用水记录,并按照规范进行统计分析。

3. 技术指标

1)通用技术要求

服务业单位应统筹考虑各用水环节,在满足要求的情况下尽可能做到各用水环节之间的串联用水,实现系统节水。各用水环节重点评价的节水型器具普及率应达到100%,节水型器具应符合《节水型产品通用技术条件》(GB/T 18870—2011)的要求。各用水环节应建立完善的用水节水操作规程,并严格执行。绿化浇洒应符合《民用建筑节水设计标准》(GB 50555—2010)中4.4的要求,景观用水水源应符合《民用建筑节水设计标准》(GB 50555—2010)中4.1.5的要求。管道直饮水系统的净化水设备产水率应不低于70%,浓水应回收利用。锅炉冷凝水应回收利用。空调、设备冷却水应循环利用。用水管网的漏损率应不大于2%。

2)餐饮

餐饮环节重点评价的节水型器具包括水嘴(水龙头)、洗碗机和洗菜机。厨房漂洗用水应回收利用。不应存在过水洗菜、过水化冰现象。应保证节水型洗碗机和洗菜机满负荷运行。

3)洗浴

洗浴环节重点评价的节水型器具包括水嘴(水龙头)和淋浴器。应合理利用洗浴废水。

4)游泳及水上项目

游泳及水上项目环节重点评价的节水型器具包括水嘴(水龙头)和淋浴器。应该采用非满型定水位补水方式进行补水,限制水面水位离岸10~15 cm。应采用循环给水系统。补水比例应符合相关要求。应回收利用排放水。

5) 客房

客房环节重点评价的节水型器具包括水嘴(水龙头)、便器及便器冲水阀和淋浴器。应张贴醒目的节水提示和宣传标语,建议顾客采用淋浴、减少床单等换洗频率。客房用水量应符合本地区相应等级客房定额要求。

6) 洗衣房

洗衣房环节重点评价的节水型器具包括水嘴(水龙头)和洗衣机。应使用洗衣水回收再利用装置、蒸汽熨烫冷凝水回收装置。应张贴醒目的节水操作提示和宣传标语。

7) 洗车

洗车环节重点评价的节水型器具包括水嘴(水龙头)和喷头设备。不应使用高压自来水洗车。应安装洗车水循环装置,使用回用水。

4. 鼓励性指标

大型公共浴室宜采用高位冷、热水箱重力流供水。鼓励采用无水洗车、微水洗车技术进行洗车。鼓励使用再生水、雨水等非常规水资源。

(五) 服务业节水型单位评价方法

服务业节水型单位评价项目分为基本要求、管理指标、技术指标及鼓励性指标。基本要求不计分,任意一项未达到标准,则不能获评服务业节水型单位。管理指标总分 20 分,达到 15 分以上才可参评节水型单位。技术指标分为通用技术要求和各用水环节要求,通用技术要求总分 20 分,各环节总分 10 分。通用技术要求得分达到 15 分以上,各用水环节要求得分达到 8 分才可参评节水型单位。若参评单位无此类用水环节,则该类环节为空项。对于有空项的单位,可按其余项目(管理指标、技术指标,不包括鼓励性指标)的达标情况进行折算。鼓励性指标总分为 10 分。折算后得分加上鼓励性指标得分后的总得分达到 80 分以上的参评单位,可获评服务业节水型单位。

1. 评分表

服务业节水型单位评分表评价内容及评价方式见表3.4-5。

表3.4-5 服务业节水型单位评分表

要求	总分	评价内容	评价方式	得分
基本要求	不计分	服务业用水单位在新建、改建和扩建项目时,应实施节水的“三同时”制度	现场检查,查阅相关文件、档案	不计分
		应严格执行国家相关取水许可制度,开采城市地下水符合相关规定	现场检查,查阅相关文件、档案	
		不应使用国家明令淘汰的用水设备和器具	现场检查	
		应定期进行综合用水分析或依据《水平衡测试通则》(GB/T 12452—2022)进行水平衡测试	查阅相关文件、档案	
管理指标	20	应建立完善的用水管理和考核制度,并设专人负责节水组织、管理和实施工作	查阅相关文件、档案	4
		应制订合理的用水计划、节水目标和实施方案,定期检查和分析实施效果,及时进行整改	查阅相关文件、档案	4
		应制定完善的节水宣传计划,开展节水宣传教育培训	查阅相关文件、档案,问卷调查,现场检查	3
		应有完整的供水管网图,有完善的管网设备维护检修、抢修制度,及时发现并解决跑冒滴漏等问题	查阅相关文件、档案	3
		应有完善的计量管理制度和用水计量系统,水计量器具的配备和管理应达到《用水单位水计量器具配备和管理通则》(GB/T 24789—2022)的要求	现场检查,查阅相关文件、档案	3
		应保持原始用水记录,并按照规范进行统计分析	查阅记录及相关文件、档案	3

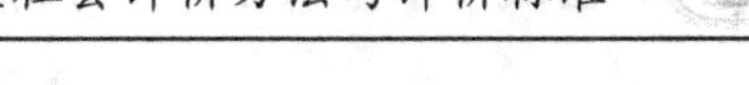

续表 3.4-5

要求		总分	评价内容	评价方式	得分
技术指标	通用技术要求	20	通过各用水环节之间的串联用水来实现系统节水	现场检查	2
			建立各用水环节的用水节水操作规程并严格执行	查阅文件、现场检查	5
			绿化浇洒应符合《民用建筑节水设计标准》(GB 50555—2010)中4.4的要求。景观用水水源应符合《民用建筑节水设计标准》(GB 50555—2010)中4.1.5的要求	现场检查	2
			管道直饮水系统的净化水设备产水率应不低于70%,浓水应回收利用	现场检查	2
			锅炉冷凝水应回收利用	现场检查	2
			空调、设备冷却水应循环利用	现场检查	2
			用水器具漏损率不大于2%计10分,每高1%扣0.5分	现场检查	5
	餐饮	10	餐饮环节重点评价的节水型器具普及率应达到100%,包括水嘴(水龙头)、洗碗机和洗菜机	现场检查	4
			应回收利用厨房漂洗用水	现场检查、走访员工	2
			不应存在过水洗菜、过水化冰现象	现场检查、走访员工	2
			应保证节水型洗碗机和洗菜机满负荷运行	现场检查、走访员工	2
	洗浴	10	洗浴环节重点评价的节水型器具普及率应达到100%,包括水嘴(水龙头)和淋浴器	现场检查、查阅相关文件、档案	5
			应合理利用洗浴废水	现场检查	5

续表 3.4-5

要求		总分	评价内容	评价方式	得分
技术指标	游泳及水上项目	10	游泳及水上项目环节重点评价的节水型器具普及率应达到 100%,包括水嘴(水龙头)和淋浴器	现场检查	4
			应采用非满型定水位补水方式进行补水,限制水面水位离岸 10~15 cm,补充水量应小于总水量的 5%	现场检查	2
			应有水循环处理设备,补水比例应符合相关的要求	现场检查	2
			应回收利用排放水	现场检查	2
	客房	10	客房环节重点评价的节水型器具普及率应达到 100%,包括水嘴(水龙头)、便器及便器冲水阀和淋浴器等	现场检查	6
			应张贴醒目的节水提示和宣传标语,建议顾客采用淋浴、减少床单等的换洗频率	现场检查	2
			客房用水量应符合本地区相应等级客房定额要求	现场检查	2
	洗衣房	10	洗衣房环节重点评价的节水型器具普及率应达到 100%,包括水嘴(水龙头)和洗衣机	现场检查	4
			应使用洗衣水回收再利用装置	现场检查	2
			应使用蒸汽熨烫冷凝水回收装置	现场检查	2
			应张贴醒目的节水操作提示和宣传标语	现场检查	2
	洗车	10	洗车环节重点评价的节水型器具普及率应达到 100%,包括水嘴(水龙头)和喷头设备	现场检查	5
			不应使用高压自来水洗车	现场检查	2
			应安装洗车水循环装置,使用回用水	现场检查	3

续表 3.4-5

要求	总分	评价内容	评价方式	得分
鼓励性指标	10	大型公共浴室宜采用高位冷、热水箱重力流供水	现场检查	3
		采用无水洗车、微水洗车等技术进行洗车	现场检查	3
		使用再生水、雨水等非常规水资源	现场检查	4

2. 计算方法

1)有空项的单位得分折算公式

$$折算后得分=\frac{其余项目得分}{100-空项的总分}\times 100 \quad (3.4\text{-}16)$$

式中　其余项目得分——参评单位的管理指标、技术指标及所含用水环节得分之和，不包括鼓励性指标得分；

空项的总分——参评单位不涉及的用水环节总分之和。

2)用水器具漏损率

$$用水器具漏损率=\frac{漏水件数}{总件数}\times 100\% \quad (3.4\text{-}17)$$

3)节水器具普及率

$$节水器具普及率=\frac{节水器具数}{总用水器具数}\times 100\% \quad (3.4\text{-}18)$$

4)管道直饮水系统的净化水设备产水率

$$产水率=\frac{经深度净化处理产出的直饮水量}{原水量}\times 100\% \quad (3.4\text{-}19)$$

三、节水型高校评价标准（T/CHES 32—2019 T/JYHQ 0004—2019）

团体标准《节水型高校评价标准》（T/CHES 32—2019 T/

JYHQ 0004—2019)由中国水利学会和中国教育后勤协会归口,于2019年8月30日发布,2019年9月15日实施。

(一)范围

这一标准规定了节水型高校节水管理、节水技术和特色创新的评价指标及评价方法,适用于全日制大学、独立设置的学院和高等专科学校、高等职业学校的节水评价工作。

(二)规范性引用文件

《水平衡测试通则》(GB/T 12452—2022)、《用水单位水计量器具配备和管理通则》(GB 24789—2022)、《服务业节水型单位评价导则》(GB/T 26922—2011)、《节水型卫生洁具》(GB/T 31436—2015)、《用水定额编制技术导则》(GB/T 32716—2016)、《合同节水管理技术通则》(GB/T 34149—2017)、《家用和类似用途饮用水处理装置性能测试方法》(GB/T 35937—2018)、《建筑中水设计标准》(GB 50336—2018)、《城镇供水管网漏损控制及评定标准》(CJJ 92—2016)。

(三)术语和定义

GB 50336、GB/T 35937、GB/T 32716、GB/T 24789、GB/T 34149界定的以及下列术语和定义适用于本文件。

节水型高校(water-saving college or university):采用先进适用或有效的节水管理、节水技术和宣传教育等措施,取得节水效果,经评估,达到本标准要求的普通高等学校。

杂排水(gray water):建筑中除粪便污水外的各种排水,如冷却水排水、游泳池排水、沐浴排水、盥洗排水、洗衣排水、厨房排水等,也称为生活废水。[《建筑中水设计标准》(GB 50336—2018),定义2.1.9]

浓水(concentrated water):家用和类似用途纯净水处理装置对原水处理后,所得的纯净水之外的水。

用水总量(total amount of water use):教学楼、办公楼、实验楼、图书馆、运动场地、学生教工宿舍、食堂、浴室、开水房以及绿化等高校用水量的总和。

标准人数（standard number of college or university）：高校各类人员按照不同用水行为特征折算成的标准类型用水人数。

次级用水单位（sub-organization of water using）：用水单位下属的需要单独进行用水计量核算的单位。[《用水单位水计量器具配备和管理通则》（GB 24789—2022），定义 3.2]

水计量率（metering ratio of water use）：在一定计量时间内，用水单位、次级用水单位、用水设备（用水系统）的水计量器具计量的水量与占其对应级别全部水量的百分比。

节水型器具安装率（installation rate of water-saving appliance）：节水型器具的安装数量占用水器具总数的百分比。

管网漏损率（leaking rate of pipe network）：用水管网漏损水量（一级表与次级表的水量差）与用水总量（一级表的水量）的比值。

合同节水管理（water conservation contracting）：节水服务企业与用水单位以契约形式，通过集成先进节水技术为用水单位提供节水改造和管理等服务，获取收益的节水服务机制。[《合同节水管理技术通则》（GB/T 34149—2017），定义 3.2]

（四）一般规定

节水型高校的评价应以单个校园或学校整体作为评价对象。

普通高校次级用水单位包括教学楼、办公楼、实验楼、图书馆、运动场地、学生教工宿舍、食堂餐饮、浴室、开水房、景观绿化、中央空调以及锅炉等，不含家属区、对外经营商业和临时基建等用水。

应坚持客观公正、实事求是、公平合理、依据充分的原则进行评价。

存在以下情况之一的不得参与评价节水型高校：近三年有违反水法律、法规行为或重大水安全事故；城市公共供水管网范围内,仍抽取地下水作为常规供水水源。

节水型高校评价指标由节水管理评价指标、节水技术评价指标和特色创新评价指标三部分组成,满分110分。其中,节水管理和节水技术评价指标各50分,特色创新评价指标10分。

节水型高校评价指标得分大于或等于90分。

评价标准中以年为统计单位的指标,均指评价时的上一个自然年度。

(五)节水管理评价指标及方法

1. 制度建设

应有高校领导负责的节水管理机构和人员,且职责明确、运行管理规范。应将节水型高校建设纳入高校总体发展规划,制订节水型高校建设实施方案及年度实施计划。应制定并实施节水目标考核、用水设施管理等节水用水管理制度。应将节水目标纳入学年(期)工作目标考核和表彰奖励范围。

2. 宣传教育

把节水宣传教育和实践活动纳入高校年度工作计划和考评。将学生参加情况作为德育教育和考核指标之一。开展各具特色的节水教育活动,普及节水知识,培育校园节水文化。举办节水宣传活动,提升师生的节水意识。组织开展学生节水实践活动。

3. 用水管理

应有规范的用水记录,并及时分析核算。应有计量网络图、供排水管网图和用水设施分布图,资料完整且管理规范。近三年开展水平衡测试或用水评估,并运用成果促进节水工作。加强对用水设施的日常管理,定期巡检和维护,饮用水安全措施到位,杜绝跑冒滴漏、长流水等浪费水现象。建设节水监控平台等措施,实施用水精细化管理。

4. 节水设施

按照《城镇供水管网漏损控制及评定标准》(CJJ 92—2016)

规定的漏损检测周期和方法，对地下供水管网进行漏损检测，及时更换和维护老旧供水管网，减少管网漏损。终端用水设备使用节水产品，生活用水器具符合《节水型卫生洁具》(GB/T 31436—2015)的要求。高校用水计量应实现用水分级分户精准计量，安装使用远程智能水表。集中浴室和开水房应使用智能节水型热水控制器。景观绿化、食堂餐饮、洗浴、游泳池、洗车、中央空调冷却、锅炉冷凝等重点用水环节参照 GB/T 26922 达到节水要求。设置雨水收集、再生水利用、杂排水收集处理、浓水处理等非常规水利用设施，并运行良好。

5. 节水管理评价方法

评价采用查阅文件、现场抽查、核实，以及师生随机抽查等方式，并予以赋分。

节水管理评价指标见表 3.4-6。

表 3.4-6　节水管理评价指标

一级指标	二级指标	评价标准	分值	评价方法
制度建设(8分)	机构职责	有高校领导负责的节水管理机构和人员，得1分；职责明确，运行管理规范，得1分	2	查阅原始文件、资料
	节水规划	将节水型高校建设纳入高校总体发展规划，得1分；制订节水型高校建设实施方案及年度实施计划，得1分	2	查阅原始文件、资料
	节水制度	制定并实施节水目标考核、用水设施管理等节水用水管理制度，得2分	2	查阅原始制度文件、资料
	目标考核	将节水目标纳入学年(期)工作目标考核和表彰奖励范围，得2分	2	查阅目标考核原始资料和表彰结果文件

续表 3.4-6

一级指标	二级指标	评价标准	分值	评价方法
宣传教育（15 分）	宣教计划与考核	把节水宣传教育和实践活动纳入高校年度工作计划和考评，得 2 分；将学生参加情况作为德育教育和考核指标之一，得 2 分	4	查阅原始文件、资料，随机抽查师生
	节水教育	开展节水讲座、培训、观摩、知识竞赛等各具特色的节水教育活动，普及节水知识，培育浓厚的校园节水文化。每年开展 2 次以上，得 4 分；少于 2 次者，每少 1 次扣 2 分，扣完为止	4	查阅原始文件、资料，随机抽查师生
	节水宣传	利用校园广播、网络、标语、标识等宣传手段，面向校内师生普及节水知识技能，得 1 分；举办节水主题征文、演讲、绘画以及创作节水标语标志等活动，得 1 分；主要用水场所、用水设施、器具旁有节水宣传标志或标语，校园网有节水宣传内容，得 2 分	4	查阅资料、现场抽查核实
	节水实践	深入街道社区、工矿企业、机关单位等，开展学生节水实践活动，普及节水知识和技能，传播节水新技术、新工艺，得 3 分	3	查阅资料、现场抽查核实

续表 3.4-6

一级指标	二级指标	评价标准	分值	评价方法
用水管理（12分）	资料规范	有规范的用水记录,并及时分析核算,得2分;用水记录相对完整的,得1分	2	查阅用水记录、计量网络图、供排水管网图和用水设施分布图等原始资料,并现场抽查核实
		有计量网络图、供排水管网图和用水设施分布图,资料完整且管理规范,得2分;资料相对完整的,得1分	2	
	水平衡测试	近三年开展水平衡测试或用水评估,并运用成果促进节水工作,得4分。水平衡测试可参考《水平衡测试通则》(GB/T 12452—2022)开展	4	查阅水平衡测试或用水评估等原始文件、资料
	日常管理	加强对用水设施的日常管理,定期巡检和维护,饮用水安全措施到位,得2分;有跑冒滴漏、长流水等浪费水现象,每发现1项,扣1分,扣完为止	2	查阅日常管理资料、现场抽查核实
	精细化管理	建设节水监控平台,实施用水精细化管理,得2分	2	现场抽查核实

续表 3.4-6

一级指标	二级指标	评价标准	分值	评价方法
节水设施（15分）	管网维护	按照《城镇供水管网漏损控制及评定标准》（CJJ 92—2016）规定的漏损检测周期和方法，对地下供水管网进行漏损检测，及时更换和维护老旧供水管网，减少管网漏损，得2分	2	查阅管网漏损检测、水平衡测试和用水计量等资料，现场抽查核实
	用水设备	终端用水设备使用节水产品，生活用水器具符合《节水型卫生洁具》（GB/T 31436—2015）的要求，得2分；使用淘汰落后产品的发现1件扣1分，扣完为止	2	查阅采购清单等资料，现场抽查核实
	用水计量	高校用水计量实现用水分级分户精准计量，得1分；安装使用远程智能水表，得1分	2	查阅资料，现场抽查核实
	节能节水	集中浴室和开水房使用智能节水型热水控制器，得1分	1	查阅资料，现场抽查核实
	重点用水环节	景观绿化、食堂餐饮、洗浴、游泳池、洗车、中央空调冷却、锅炉冷凝等重点用水环节参照《服务业节水型单位评价导则》（GB/T 26922—2011）达到节水要求，得4分；有1项重点用水环节未达到要求的，扣1分，扣完为止	4	参照《服务业节水型单位评价导则》（GB/T 26922—2011），现场抽查核实
	非常规水利用	设置雨水收集、再生水利用、杂排水收集处理、浓水处理等非常规水利用设施，并运行良好，每建设1项得1分，共4分	4	现场抽查核实

（六）节水技术评价指标及方法

1. 标准人数人均用水量

标准人数人均用水量应为普通高校全年用水总量与高校标准人数的比值，且应小于或等于所在省（自治区、直辖市）普通高校用水定额。高校标准人数的计算应依据《用水定额编制技术导则》（GB/T 32716—2016）的计算方法。对于用水定额为区间值的省（自治区、直辖市），用于判定的用水定额应从严选择。

2. 年计划用水总量

高校应按照地方已下达的年计划用水指标用水，不得超计划用水。

3. 水计量率

用水单位水计量率应达到 100%，次级用水单位水计量率应达到 100%。水计量率计算应依据《用水单位水计量器具配备和管理通则》（GB 24789—2022）的计算方法。

4. 节水型器具安装率

节水型器具安装率应大于等于 95%，且应满足《节水型卫生洁具》（GB/T 31436—2015）的规定，并达到二级及以上水效等级，或有节水产品认证证书，或列入“节能产品政府采购清单”，或列入省级以上水行政主管部门发布的节水设备、器具名录。评价时，查阅高校用水设备和器具原始采购清单，统计节水型设备和器具所占比例，并采取现场随机抽查的方式核实。

5. 管网漏损率

高校管网漏损率应小于或等于 10%。管网漏损率计算应执行《城镇供水管网漏损控制及评定标准》（CJJ 92—2016）的规定。评价时采用查阅资料、实地复核的方式，计算复核用水管网漏损水量（一级表与次级表的水量差）与用水总量（一级表的水量）的比值。

节水技术评价指标见表 3.4-7。

表 3.4-7　节水技术评价指标

技术评价指标	计算方法	评价标准	分值
标准人数人均用水量	普通高校全年用水总量/标准人数。标准人数依据《用水定额编制技术导则》(GB/T 32716—2016)的计算方法： $N_u = N_{ud} + 0.2 \times (N_{uds} + N_{ut}) + 2.5 \times N_{ua}$ 式中 N_u ——高校标准人数,人； N_{ud} ——高校住宿生人数,人； N_{uds} ——高校走读生人数,人； N_{ut} ——教职工人数,人； N_{ua} ——留学生人数,人	标准人数人均用水量小于或等于所在省(自治区、直辖市)普通高校用水定额,得 10 分,高于用水定额不得分	10
年计划用水总量	年实际用水总量与年度计划用水总量比较	年实际用水总量小于或等于地方下达的用水指标,得 10 分,高于用水指标不得分	10
水计量率	在一定计量时间内,水计量器具计量的水量/高校总用水量×100%	用水单位水计量率达到 100%,次级用水单位水计量率达到 100%,得 10 分,任一项不达标不得分	10
节水型器具安装率	节水型器具数量/总用水器具数量×100%	节水型器具安装率达到 95%,得 2 分;每提高 1%,加 2 分,满分 10 分	10

续表 3.4-7

技术评价指标	计算方法	评价标准	分值
管网漏损率	用水管网漏损水量/用水总量×100%	管网漏损率小于或等于 10%，得 6 分，每降低 1%，加 2 分；管网漏损率小于或等于 8%，得 10 分；管网漏损率大于 10%，不得分	10

（七）特色创新评价指标及方法

1. 节水管理创新

引入社会资本，采用合同节水管理方式，实施校园整体节水改造或重点用水环节节水改造，取得显著成效。在节水理念或制度建设上有独创，并面向社会宣传推广，受到上级主管部门认可。

2. 节水技术创新

发挥高校科研优势、自主开展节水技术、产品的创新和研发。对研发的节水技术、产品进行应用及推广，推动高校产学研结合。

3. 特色创新评价方法

对采用合同节水管理方式开展节水改造的高校，通过查阅合同文本、实地核实具体节水设施，考察实施效果赋分。节水成效的对外宣传推广，通过查阅上级主管部门认可的证明材料以及宣传推广相关材料，经专家评议认定并赋分。通过查阅高校获得的节水技术和产品专利证书、鉴定证明材料、获奖证书以及应用推广证明等相关材料，认定节水技术创新指标并赋分。

特色创新评价指标见表 3.4-8。

表 3.4-8 特色创新评价指标

一级指标	二级指标	评价标准	分值	评分方法
节水管理创新(6分)	合同节水管理	引入社会资本,采用合同节水管理方式,实施校园整体节水改造或重点用水环节节水改造,得4分	4	通过查阅合同文本、实地核实具体节水设施
	宣传推广	在节水理念或制度建设上有独创,并面向社会宣传推广,受到上级主管部门认可,得2分	2	查阅上级主管部门认可的证明材料以及宣传推广相关材料
节水技术创新(4分)	节水研发及应用推广	发挥高校科研优势,自主开展节水技术、产品的创新和研发,得2分;对研发的节水技术、产品进行应用及推广,推动高校产学研结合,得2分	4	查阅高校获得的节水技术和产品专利证书、鉴定证明材料、获奖证书、应用推广证明等相关材料

四、《节水型企业(单位)评价标准》(T/SDUWA 3001—2021)

团体标准《节水型企业(单位)评价标准》(T/SDUWA 3001—2021)由山东省城镇供排水协会提出并归口,于2021年4月12日发布,2021年4月12日实施。

(一)范围

《节水型企业(单位)评价标准》(T/SDUWA 3001—2021)规定了节水型企业(单位)的术语和定义、评价原则、评价程序、基本规定、评价指标及要求,适用于山东省节水型企业(单位)的评价工作。

(二)规范性引用文件

《水平衡测试通则》(GB/T 12452—2022)、取水定额(GB/T

18916)、《用水单位水计量器具配备和管理通则》(GB 24789—2022)、山东省重点工业产品用水定额(DB37/T 1639)、批发零售、交通运输及餐饮等部分服务业用水定额(DB37/T 4254)、山东省城市生活用水量标准(DB37/T 5105)。

(三)术语和定义

下列术语和定义适用于本文件。

节水型企业(单位)[water saving enterprise(institution)]:采用先进适用的管理措施和节水技术,经评估各项管理和技术指标符合本文件要求的用水企业(单位)。

(四)评价原则

自愿性:节水型企业(单位)评价是自愿的,由申报单位根据需求自愿申请。

公开性:节水型企业(单位)评价公开透明,评价过程和结果通过适当渠道对外公开。

公正性:节水型企业(单位)评价遵循统一的原则,评价程序客观公正。

实用性:节水型企业(单位)评价指标具有实用性,评价数据来源真实可信,计量和统计口径一致。

(五)评价程序

申报节水评价的企业(单位)提交申报材料,一式两份,主要包括以下内容:申请表,节水工作总结,节水工作特点说明,各项指标汇总材料和逐项说明材料,5~10 张能够反映工作特点、相关活动的照片(含说明),水平衡测试报告书,其他反映节水工作的检测报告、新闻报道、荣誉证明等。

评价程序包括材料审查、现场评价、综合评审等三个环节。获得节水型企业(单位)称号 4 年以上(含 4 年)的企业(单位)需重新进行评价。

(六)基本规定

节水型企业(单位)评价指标包括基本条件、基础管理指标、技术评价指标和鼓励性指标 4 类,单位不涉及的评价内容可不进行评价。节水型企业(单位)应全部满足基本条件要求。节水型企业(单位)基础管理指标、技术评价指标共计 100 分,鼓励性指标按 10 分计,总分达到 90 分以上(含 90 分)的可评为节水型企业(单位)。

(七)评价指标及要求

1. 基本条件

基本条件共 10 项指标,均为一票否决。评价内容符合表 3.4-9 的规定。

表 3.4-9 基本条件评分表

序号	评价内容
1	生活用水和生产用水应分别计量付费
2	蒸汽冷凝水应回收利用
3	工艺用水及冷却水不直排,应回用或重复利用
4	水计量器具的配备与管理符合 GB 24789—2022 的要求(并附水计量器具规格型号清单)
5	按规定周期开展水平衡测试或用水审计
6	废(污)水排放符合标准要求(并附地方环保证明或地方排污许可证)
7	不使用国家、省明令淘汰的用水工艺、设备和器具
8	取用水手续合法齐全
9	近三年无超计划、超定额用水(并附相关证明)
10	新建、改建、扩建项目时,节水设施应与主体工程同时设计、同时施工、同时投入运行

2. 基础管理指标

基础管理指标包括机构健全、管理制度、管网(设备)管理、水计量管理、水平衡测试、节水技术改造及投入和节水宣传7项指标，节水型企业的基础管理指标为50分，节水型单位的基础管理指标为60分，评价内容和标准应符合表3.4-10的规定。

表3.4-10　基础管理指标评分表

序号	基础管理指标	评价内容	评价方法	标准分数	
				企业	单位
1	机构健全	有科学合理的节约用水管理网络和岗位责任制	查阅文件、网络图和工作记录	4	4
		有主要领导负责用水、节水工作	查阅有关文件及会议记录	2	2
		有用水、节水管理部门和专（兼）职用水、节水管理人员	查阅有关文件	3	4
2	管理制度	制订节水规划和用水计划或在单位规划中有节水规划和用水计划相关内容	查阅有关文件	3	4
		有完善的节水管理制度和措施	查阅有关资料	2	2
		有健全的节水统计制度，定期向相关管理部门报送节水统计报表	查阅有关资料	3	4
3	管网（设备）管理	有详细的供排水管网图和计量网络图	查阅图纸及查看现场	5	6
		有日常巡查和保修检修制度，定期对管道和设备进行检修且记录完整	查阅有关资料和巡查记录	3	4
4	水计量管理	原始记录和统计台账完整规范并定期进行分析	查阅台账和分析报告，核实数据	3	4
		将用水计划（定额）分解到车间（班组）、处室，并进行考核，实行节奖超罚	查阅定额管理节奖超罚文件和资料	3	4

续表 3.4-10

序号	基础管理指标	评价内容	评价方法	标准分数	
				企业	单位
5	水平衡测试	按每四年一个周期进行水平衡测试,并符合 GB/T 12452—2022 要求。有完整的水平衡测试报告书等文件	查阅有关资料	6	7
6	节水技术改造及投入	企业(单位)注重节水资金投入,每年列支一定资金用于节水工程建设、节水技术改造等	查阅有关资料	3	4
		使用节水新技术、新工艺、新设备	查阅设备管理运行记录	4	3
7	节水宣传	经常开展节水管理培训、节水宣传教育	查阅有关资料	3	5
		职工有节水意识	询问职工节水常识,发放节水调查问卷	1	1
		在主要用水场所和器具显著位置张贴节水标识	查看现场	2	2

3. 技术评价指标

技术评价指标包括工业用水重复利用率、间接冷却水循环率、蒸汽冷凝水回收率、单位产品(服务)取水量、水表计量率、水计量器具合格率、用水综合漏失率、卫生洁具设备漏水率、节水器具使用率、非常规水利用等10项指标,节水型企业的技术评价指标为50分,节水型单位的技术评价指标为40分,评价内容和标准应符合表3.4-11的规定。

表 3.4-11　技术评价指标评分表

序号	技术评价指标	评价内容	标准分数	
			企业	单位
1	工业用水重复利用率	工业用水重复利用率达到同行业国家标准要求计满分	5	—
2	间接冷却水循环率	≥95%计满分,每低于1%扣1分,直至扣完	5	5
3	蒸汽冷凝水回收率	≥60%计满分,每低于5%扣1分,直至扣完	5	5
4	单位产品(服务)取水量	不大于DB37/T 1639、DB37/T 4254和DB37/T 5105等用水定额标准,省级用水定额未规定的不大于GB/T 18916的计满分,每高于1%扣1分,直至扣完	6	4
5	水表计量率	一级表100%,二级表≥90%,三级表≥85%,计满分。一、二级表不达标不得分。若一、二级表达标,三级表<85%,以三级表计量率×5计分	5	5
6	水计量器具合格率	100%计满分,每低于5%扣1分,直至扣完	5	4
7	用水综合漏失率	≤3%计满分,每高于1%扣1分,直至扣完	7	7
8	卫生洁具设备漏水率	≤2%计满分,每高于1%扣1分,直至扣完	4	4
9	节水器具使用率	100%计满分,每低于3%扣1分,直至扣完	6	6
10	非常规水利用	火力发电再生水使用比例≥50%,一般工业冷却循环再生水使用比例≥20%的计满分	2	—
		其他行业使用非常规水的计满分		

1)工业用水重复利用率

$$R = \frac{V_r}{V_i + V_r} \times 100\% \quad (3.4\text{-}20)$$

式中 R——工业用水重复利用率,%;

V_r——在一定计量时间内,企业的重复利用水量,m^3;

V_i——在一定计量时间内,企业的取水量,m^3。

2)间接冷却水循环率

$$R_c = \frac{V_{cr}}{V_{cr} + V_{cf}} \times 100\% \quad (3.4\text{-}21)$$

式中 R_c——间接冷却水循环率,%;

V_{cr}——间接冷却水循环量,m^3/h;

V_{cf}——间接冷却水循环系统补充水量,m^3/h。

3)蒸汽冷凝水回收率

$$R_b = \frac{V_{br}}{D} \times \rho_b \times 100\% \quad (3.4\text{-}22)$$

式中 R_b——蒸汽冷凝水回收率,%;

V_{br}——在统计期内,蒸汽冷凝水回收量(应包括外供量,特指供给有效使用不降低能损的用户),m^3/h;

D——在统计期内,生产过程中产汽设备的产汽量+进入装置的蒸汽量-外供出装置的蒸汽量,t/h;

ρ_b——冷凝水体积质量,t/m^3。

4)单位产品(服务)取水量

$$V_{ui} = \frac{V_{qi}}{Q} \quad (3.4\text{-}23)$$

式中 V_{ui}——单位产品(服务)取水量,m^3/每单位产品(服务);

V_{qi}——在一定计量时间内,生产某种产品(提供某种服务)的取水量,m^3;

Q——在一定计量时间内,某种产品的产量(提供服务的对象)。

5)水表计量率

$$K_m = \frac{V_{mi}}{V_{bi}} \times 100\% \qquad (3.4\text{-}24)$$

式中　K_m——水表计量率,%;

V_{mi}——在一定计量时间内,企业(单位)或内部各层次用水单元的水表计量用(取)水量,m^3;

V_{bi}——在一定计量时间内,企业(单位)或内部各层次用水单元的用(取)水量,m^3。

注:一般计算以下取水、用水的水表计量率:入厂的取水量、非常规水源用水量、企业内主要用水单元以及重点用水设备或系统的用水量特别是循环用水系统、串联用水系统、外排废水回用系统的用水量。

6)水计量器具合格率

$$K_j = \frac{V_{j'}}{V_j} \times 100\% \qquad (3.4\text{-}25)$$

式中　K_j——水计量器具合格率,%;

$V_{j'}$——合格的水计量器具数量,个;

V_j——水计量器具总数量,个。

7)用水综合漏失率

$$K_l = \frac{V_l}{V_i} \times 100\% \qquad (3.4\text{-}26)$$

式中　K_l——用水综合漏失率,%;

V_l——在一定的计量时间内,企业(单位)的漏失水量,m^3;

V_i——在一定的计量时间内,企业(单位)的用水量,m^3。

8)卫生洁具设备漏水率

$$K_{jl} = \frac{V_{jl'}}{V_{jl}} \times 100\% \qquad (3.4\text{-}27)$$

式中 K_{jl}——卫生洁具设备漏水率,%;

$V_{jl'}$——现场检测出漏水的卫生洁具设备件数,个;

V_{jl}——卫生洁具设备总件数,个。

9)节水器具使用率

$$K_{jq} = \frac{V_{jq'}}{V_{jq}} \times 100\% \tag{3.4-28}$$

式中 K_{jq}——节水器具使用率,%;

$V_{jq'}$——节水器具设备件数,个;

V_{jq}——用水器具设备总件数,个。

10)再生水使用比例

$$R_z = \frac{V_z}{V_i + V_z} \times 100\% \tag{3.4-29}$$

式中 R_z——再生水使用比例,%;

V_z——再生水利用总量,m^3。

其余符号意义同前。

4. 鼓励性指标

鼓励性指标包括直饮机尾水利用、用水监控平台、合同节水管理和节水创新管理等4项指标,鼓励性指标为10分,评价内容和标准应符合表3.4-12的规定。

表3.4-12 鼓励性指标评分表

序号	鼓励性指标	评价内容	评价方法	标准分数	
				企业	单位
1	直饮机尾水利用	对尾水进行利用计满分	查看现场	3	3
2	用水监控平台	建有用水监控平台且正常运行计满分	查看现场	3	3
3	合同节水管理	采用合同节水管理计满分	查阅有关资料	3	3
4	节水创新管理	采用创新性的节水管理理念或技术,成效显著计满分	查阅有关资料	1	1

第四章　山东省省级行政区区域节水评价

第一节　节水评价方法

伴随着城镇化的快速发展,我国华北缺水地区的水资源短缺问题已成为制约经济社会可持续发展的重要因素。在实施最严格水资源管理制度背景下,区域供水总量受到约束,而需水又呈现增长态势,节水成为缓解水资源供需矛盾的有效途径。开展节水评价是落实“节水优先、空间均衡、系统治理、两手发力”治水思路的重要举措,是水资源开发、利用、保护、配置、调度的重要依据,对于促进区域水资源利用效率的提高具有重要意义。

不同地区的节水水平与水资源条件、经济发展水平息息相关。目前,对于区域节水评价的研究主要集中于节水评价指标体系的构建和评价方法的研究,且多采用统计指标构建评价指标体系,而对于评价指标的分级标准缺乏有效依据。

我国从 20 世纪 70 年代开始逐步实施用水定额管理,水利部自 2019 年以来已陆续发布 105 项用水定额,其中农业 14 项、工业 70 项、建筑业 3 项和服务业 18 项;31 个省(自治区、直辖市)已经出台了用水定额,并多次进行了修订,我国基本建立了全面系统的用水定额体系。《区域节水评价方法(试行)》(T/CHES 46—2020)提出由典型调查指标和统计分析指标构成的区域节水评价指标体系,并建立与现行用水定额相结合的节水评价标准和评价方法。将《区域节水评价方法(试行)》(T/CHES 46—2020)在我国华北缺水地区进行应用,为区域节水工作开展提供参考。

第二节 山东省省级行政区节水评价

区域节水评价指标由行业节水效率指标和综合指标两部分组成。行业节水效率指标包括农业用水指标、工业用水指标和服务业用水指标三类,其中农业用水指标包括播种面积或灌溉用水量靠前的三种作物用水指标,工业用水指标包括高耗水工业企业用水指标、一般工业企业用水指标,服务业用水指标包括学校用水指标、宾馆用水指标、机关用水指标,合计 8 项指标。综合指标包括万元 GDP 用水量、万元工业增加值用水量、农田灌溉水有效利用系数、公共供水管网漏损率和非常规水源利用占比 5 项指标。

一、行业节水效率指标

(一)农业用水指标

1. 节水评价指标体系

1)样本作物的选择及满分分值

根据《区域节水评价方法(试行)》(T/CHES 46—2020),以对评价区域的灌溉作物按播种面积或灌溉用水量自大而小排序,选择累计播种面积或累计灌溉水量占总播种面积或总灌溉水量 80%以上的主要作物作为调查样本。调查样本数量超过 3 种时,选取播种面积或灌溉水量靠前的 3 种作物为选取原则。根据 2019 年山东省统计年鉴和全省实际情况,选择小麦、玉米、棉花 3 种作物作为调查样本作物。各种作物种植面积见表 4. 2-1。

表 4.2-1 农业节水效率指标各样本作物种植面积及满分分值统计

序号	样本作物	种植面积/hm^2	种植面积权重/%	作物满分分值
1	小麦	4 058 592	49.64	14.89
2	玉米	3 934 683	48.12	14.44
3	棉花	183 300	2.24	0.67
合计		8 176 575	100%	30.00

区域节水评价采用量化计分方式,根据《区域节水评价方法(试行)》(T/CHES 46—2020):总分 100 分,其中行业节水效率指标 60 分,综合指标 40 分。行业节水效率指标中农业、工业和服务业用水指标分值分别按照评价区域内农业用水量、工业用水量和生活用水量占三者总用水量的权重确定,权重大于 0.5 的按 0.5 取值,其余分值由其他两类用水指标按其用水量占比进行分配。

行业节水效率指标满分 60 分,由于 2019 年山东省农业灌溉用水占全省总用水量的 53.93%,因此农业用水指标分值按 0.5 的权重确定,即为 30 分。每种样本作物满分分值按照其种植面积占所有样本作物总种植面积的权重确定,各样本作物满分分值见表 4.2-1。

2)评价标准

用水定额为一定时期内用水户单位用水量的限定值。用水定额分为通用值和先进值。其中,灌溉用水定额通用值是指灌区现状水平在规定水文年型,满足区域用水供需平衡,某种作物在大中型灌区斗口、小型灌区渠首、井灌区井口位置的单位面积灌溉用水量;灌溉用水定额先进值是指按照《节水灌溉工程技术标准》(GB/T 50363—2018),采取渠道防渗输水灌溉、管道输水灌溉、喷灌、微灌等节水灌溉方式,在规定水文年型,某种作物在大中型灌区斗口、小型灌区渠首、井灌区井口位置的单位面积灌溉用水量。一般情况下,灌溉用水定额通用值按照净用水定额和现状大中型灌区斗口、小型灌区渠首、井口的灌溉水利用系数确定;灌溉用水定额先进值按照净用水定额和《节水灌溉工程技术标准》(GB/T 50363—2018)规定相关节水灌溉技术的灌溉水利用系数最低值计算确定。单种灌溉作物的亩均用水量可以用水定额为依据划分评价标准。

以各评价指标的先进值、先进值与通用值的均值、通用值为三个节点,将每个评价指标分为先进、较先进、一般和落后 4 个级别。各等级划分区间按照“均分原则”确定:先进(≤先进值),较先进[先进值-0. 5×(先进值+通用值)],一般[0. 5×(先进值+通用值)-通用值],落后(>通用值)。典型调查指标根据国家或者省级用水定额确定先进值和通用值。

区域节水评价结果按照总得分由高到低分为节水水平先进(≥90 分)、节水水平较先进(80~90 分,含 80 分)、节水水平一般(60~80 分,含 60 分)和节水水平落后(<60 分)4 个等级。

水利部于 2020 年相继制定了《农业灌溉用水定额:小麦》《农业灌溉用水定额:玉米》《农业灌溉用水定额:棉花》,山东省发布了《山东省农业用水定额》(DB 37/T 3772—2019)。本次评价将山东省分为鲁西南、鲁北、鲁中、鲁南、胶东 5 个分区,分别依据水利部和山东省用水定额标准构建农业灌溉节水评价指标分级标准,详见表 4. 2-2、表 4. 2-3。

2. 农业用水指标总得分

山东省农业节水评价考虑当地主要灌溉工程类型,每种作物每个分区选取 1~4 个调查区。每种作物调查区的满分分值按照该调查区播种面积占该种作物所有调查区总播种面积的权重确定。依据实际亩均用水量和评价分级标准分别确定每种作物调查区赋分系数,将赋分系数乘以满分分值得到每种作物调查区实际分值。依次加和汇总各调查区分值、各样本作物分值,得到农业用水指标实际分值。经计算,山东省农业用水指标依据国家定额划分评价标准得分 26. 47 分,依据山东省定额划分评价标准得分 25. 11 分,详见表 4. 2-4、表 4. 2-5,各作物分数计算结果见表 4. 2-6~表4. 2-11。

表 4.2-2　典型作物灌溉节水评价指标体系及分级标准(国家定额)

$P=50\%$

序号	作物名称	单位	分区	工程类型	先进	较先进	一般	落后
1	小麦	m^3/亩	鲁西南	渠道防渗	≤145	145~160	160~175	>175
2			鲁北	渠道防渗	≤171	171~189	189~206	>206
3			鲁中	管道输水	≤181	181~216	216~250	>250
4				渠道防渗	≤207	207~229	229~250	>250
5			鲁南	管道输水	≤139	139~166	166~193	>193
6				渠道防渗	≤159	159~176	176~193	>193
7			胶东	渠道防渗	≤141	141~156	156~171	>171
8				管道输水	≤124	124~148	148~171	>171
1	玉米	m^3/亩	鲁西南	渠道防渗	≤47	47~52	52~57	>57
2			鲁北	渠道防渗	≤100	100~111	111~121	>121
3			鲁中	管道输水	≤69	69~82	82~95	>95
4				渠道防渗	≤79	79~87	87~95	>95
5			鲁南	管道输水	≤38	38~45	45~52	>52
6				渠道防渗	≤48	48~50	50~52	>52
7			胶东	管道输水	≤38	38~45	45~52	>52
8				渠道防渗	≤48	48~50	50~52	>52
1	棉花	m^3/亩	鲁西南	管道输水	≤144	144~172	172~199	>199
2			鲁北	渠道防渗	≤171	171~189	189~207	>207

表 4.2-3　典型作物灌溉节水评价指标体系及分级标准(山东省定额)　　$P=50\%$

序号	作物名称	单位	分区	工程类型	取水方式	灌区类型	先进	较先进	一般	落后
1	小麦	m^3/亩	鲁西南	土渠输水	自流灌区	大型	≤151	151~176	176~202	>202
2			鲁北	土渠输水	自流灌区	大型	≤195	195~227	227~260	>260
3				土渠输水	提水	小型	≤165	165~193	193~220	>220
4			鲁中	管道输水	地下水	中型	≤144	144~168	168~193	>193
5				渠道防渗	提水	中型	≤159	159~186	186~212	>212
6				管道输水	地下水	小型	≤135	135~157	157~180	>180
7				土渠输水	自流灌区	中型	≤177	177~206	206~235	>235
8			鲁南	管道输水	地下水	小型	≤95	95~111	111~126	>126
9				土渠输水	自流灌区	中型	≤127	127~148	148~170	>170
10			胶东	土渠输水	自流灌区	中型	≤126	126~147	147~167	>167
11				土渠输水	自流灌区	小型	≤119	119~138	138~158	>158
12				管道输水	地下水	小型	≤94	94~109	109~125	>125

续表 4.2-3

序号	作物名称	单位	分区	工程类型	取水方式	灌区类型	先进	较先进	一般	落后
1	玉米	m^3/亩	鲁西南	土渠输水	自流灌区	大型	≤36	36~42	42~48	>48
2			鲁北	土渠输水	自流灌区	大型	≤76	76~88	88~101	>101
3				土渠输水	自流灌区	小型	≤68	68~79	79~90	>90
4				土渠输水	提水	小型	≤64	64~75	75~86	>86
5			鲁中	管道输水	地下水	中型	≤51	51~59	59~67	>67
6				渠道防渗	提水	中型	≤56	56~65	65~74	>74
7				土渠输水	自流灌区	中型	≤62	62~72	72~82	>82
8			鲁南	管道输水	地下水	小型	≤24	24~28	28~32	>32
9				土渠输水	自流灌区	中型	≤32	32~37	37~42	>42
10			胶东	土渠输水	自流灌区	中型	≤32	32~37	37~42	>42
11				管道输水	地下水	小型	≤24	24~28	28~32	>32
12				土渠输水	自流灌区	小型	≤30	30~35	35~40	>40
1	棉花	m^3/亩	鲁西南	管道输水	地下水	小型	≤93	93~109	109~124	>124
2			鲁北	土渠输水	自流灌区	大型	≤130	130~152	152~174	>174

表 4.2-4　山东省农业用水指标得分(国家定额)

序号	作物	种植面积/hm^2	种植面积权重/%	作物分值（满分 30 分）	得分
1	小麦	4 058 592	49.64	14.89	13.60
2	玉米	3 934 683	48.12	14.44	12.20
3	棉花	183 300	2.24	0.67	0.67
合计		8 176 575	100.00	30	26.47

表 4.2-5　山东省农业用水指标得分(山东省定额)

序号	作物	种植面积/hm^2	种植面积权重/%	作物分值（满分 30 分）	得分
1	小麦	4 058 592	49.64	14.89	14.84
2	玉米	3 934 683	48.12	14.44	9.60
3	棉花	183 300	2.24	0.67	0.67
合计		8 176 575	100.00	30	25.11

(二)工业用水指标

2019 年山东省农业用水量 119.91 亿 m^3,工业用水量 31.87 亿 m^3,生活用水量 29.30 亿 m^3。本次区域节水评价农业用水指标计 30 分,工业和服务业用水指标计 30 分。2019 年山东省工业用水量占工业和生活用水量之和的 52%,工业用水指标计 15.60 分,其中高耗水工业企业用水指标权重按 0.7,计 10.92 分,一般工业企业用水指标权重按 0.3,计 4.68 分。

1. 高耗水工业企业用水指标

参与本次山东省省级区域节水评价的高耗水工业企业包括火电、钢铁、纺织、造纸、石化、化工、食品 7 类,每个行业分值 1.56 分。

表 4.2-6　小麦用水评价分析(国家定额)

作物种类	分区	典型区	灌区类型	工程类型	净亩均用水量/(m^3/亩)	灌溉水利用系数	毛亩均用水量/(m^3/亩)	渠系水利用系数	大中型灌区斗口毛亩均用水量/(m^3/亩)	赋分系数	调查区满分赋分值	典型区得分	分区得分	小麦得分
小麦	鲁西南区	济宁市某引黄灌区	大型	渠道防渗	124.04	0.56	221.50	0.62	137.33	1	1.58	1.58	1.58	13.60
	鲁北区	淄博市某引黄灌区	大型	渠道防渗	134.50	0.58	231.90	0.81	187.84	0.8	12.78	10.22	11.50	
		东营市某灌区	大型	渠道防渗	106.60	0.56	190.36	0.75	142.77	1		12.78		
		德州市某引黄灌区	大型	渠道防渗	157.54	0.57	276.39	0.65	179.65	0.8		10.22		
		德州市某引水灌区	小型	渠道防渗	78.39	0.64	122.48	—	122.48	1		12.78		
	鲁中区	淄博市某井灌区	小型	管道输水	119.09	0.85	140.11	—	140.11	1	0.26	0.26	0.25	
		泰安市某井灌区	小型	管道输水	106.43	0.54	197.09	—	197.09	0.8		0.21		
		泰安市某灌区	中型	渠道防渗	101.82	0.58	175.55	0.75	131.66	1		0.26		
		潍坊市某引河灌区	中型	渠道防渗	29.89	0.53	56.40	0.81	45.68	1		0.26		
	鲁南区	日照市某水库灌区	中型	渠道防渗	64.91	0.67	96.88	0.72	69.75	1	0.06	0.06	0.06	
		日照市某井灌区	小型	管道输水	33.61	0.91	36.93	—	36.93	1		0.06		
		枣庄市某井灌区	小型	管道输水	53.15	0.78	68.14	—	68.14	1		0.06		
		枣庄市某井灌区	小型	管道输水	67.29	0.78	86.27	—	86.27	1		0.06		
	胶东区	青岛市某井灌区	小型	管道输水	35.43	0.80	44.29	—	44.29	1	0.21	0.21	0.21	
		青岛市某水库灌区	中型	渠道防渗	41.97	0.59	71.14	0.69	49.08	1		0.21		
		烟台市某井灌区	小型	管道输水	80.11	0.81	98.90	—	98.90	1		0.21		
		烟台市某水库灌区	小型	渠道防渗	79.07	0.57	138.72	—	138.72	1		0.21		

表 4.2-7　玉米用水评价分析(国家定额)

作物种类	分区	典型区	灌区类型	工程类型	净亩均用水量/(m^3/亩)	灌溉水利用系数	毛亩均用水量/(m^3/亩)	渠系水利用系数	大中型灌区斗口毛亩均用水量/(m^3/亩)	赋分系数	调查区满分赋分值	典型区得分	分区得分	玉米得分
玉米	鲁西南区	济宁市某引黄灌区	大型	渠道防渗	59.05	0.56	105.45	0.62	65.38	0.4	1.53	0.61	0.61	12.19
	鲁北区	淄博市某引黄渠灌区	大型	渠道防渗	39.95	0.58	68.88	0.81	55.79	1	12.56	12.56	11.31	
		德州市某引黄灌区	大型	渠道防渗	73.90	0.57	129.65	0.65	84.27	1		12.56		
		德州市某引水灌区	小型	渠道防渗	71.97	0.64	112.45	—	112.45	0.6		7.54		
		德州市某灌区	小型	渠道防渗	53.19	0.62	85.79	—	85.79	1		12.56		
	鲁中区	淄博市某纯井灌区	中型	管道输水	64.94	0.85	76.40	—	76.40	0.8	0.14	0.11	0.10	
		泰安市某井灌区	中型	渠道防渗	68.80	0.54	127.41	—	127.41	0.4		0.06		
		潍坊市某灌区	中型	渠道防渗	14.76	0.53	27.85	0.81	22.56	1		0.14		
	鲁南区	日照市某水库灌区	中型	渠道防渗	64.79	0.67	96.70	0.72	69.63	0.4	0.03	0.01	0.01	
		日照市某井灌区	小型	管道输水	34.61	0.91	38.03	—	38.03	0.8		0.03		
	胶东区	青岛市某水库灌区	中型	渠道防渗	35.85	0.59	60.76	0.69	41.93	1	0.17	0.17	0.16	
		烟台市某井灌区	小型	管道输水	76.02	0.81	93.85	—	93.85	0.4		0.07		
		烟台市某水库灌区	小型	渠道防渗	79.09	0.57	138.75	—	138.75	0.4		0.07		

表 4.2-8　棉花用水评价分析(国家定额)

作物种类	分区	典型区	灌区类型	工程类型	净亩均用水量/(m³/亩)	灌溉水利用系数	毛亩均用水量/(m³/亩)	渠系水利用系数	大中型灌区斗口毛亩均用水量/(m³/亩)	赋分系数	调查区满分赋分值	典型区得分	分区得分	棉花得分
棉花	鲁西南区	济宁市某井灌区	小型	管道输水	27.25	0.80	34.06	—	34.06	1	0.002	0.002	0.002	0.67
	鲁北区	东营市某灌区	大型	渠道防渗	52.05	0.56	92.95	0.75	69.71	1	0.668	0.668	0.668	
		德州市某引黄灌区	大型	渠道防渗	66.05	0.57	115.88	0.65	75.32	1		0.668		

表 4.2-9 小麦用水评价分析(山东省定额)

作物种类	分区	典型区	灌区类型	取水方式	工程类型	净亩均用水量/(m^3/亩)	灌溉水利用系数	毛亩均用水量/(m^3/亩)	渠系水利用系数	大中型灌区斗口毛亩均用水量/(m^3/亩)	赋分系数	调查区满分赋分值	典型区得分	分区得分	小麦得分
小麦	鲁西南区	济宁市某引黄灌区	大型	自流引水	渠道防渗	124.04	0.56	221.50	0.62	137.33	1	1.58	1.58	1.58	14.84
	鲁北区	淄博市某引黄灌区	大型	自流引水	渠道防渗	134.50	0.58	231.90	0.81	187.84	1	12.78	12.78	12.78	
		东营市某灌区	大型	自流引水	渠道防渗	106.60	0.56	190.36	0.75	142.77	1				
		德州市某引黄灌区	大型	自流引水	渠道防渗	157.54	0.57	276.39	0.65	179.65	1				
		德州市某引水灌区	小型	提水	渠道防渗	78.39	0.64	122.48	—	122.48	1				
	鲁中区	淄博市某纯井灌区	小型	地下水	管道输水	119.09	0.85	140.11	—	140.11	1	0.26	0.26	0.22	
		泰安市某井灌区	小型	地下水	管道输水	106.43	0.54	197.09	—	197.09	0.4		0.10		
		泰安市某灌区	中型	自流引水	渠道防渗	101.82	0.58	175.55	0.75	131.66	1		0.26		
		潍坊市某引河灌区	中型	提水	渠道防渗	29.89	0.53	56.40	0.81	45.68	1		0.26		
	鲁南区	日照市某水库灌区	中型	自流引水	渠道防渗	64.91	0.67	96.88	0.72	69.75	1	0.06	0.06	0.06	
		日照市某井灌区	小型	地下水	管道输水	33.61	0.91	36.93	—	36.93	1				
		枣庄市某井灌区	小型	地下水	管道输水	53.15	0.78	68.14	—	68.14	1				
		枣庄市某井灌区	小型	地下水	管道输水	67.29	0.78	86.27	—	86.27	1				
	胶东区	青岛市某井灌区	小型	地下水	管道输水	35.43	0.8	44.29	—	44.29	1	0.21	0.21	0.20	
		青岛市某水库灌区	中型	自流引水	渠道防渗	41.97	0.59	71.14	0.69	49.08	1		0.21		
		烟台市某井灌区	小型	地下水	管道输水	80.11	0.81	98.90	—	98.90	1		0.21		
		烟台市某水库灌区	小型	自流引水	渠道防渗	79.07	0.57	138.72	—	138.72	0.6		0.13		

表 4.2-10　玉米用水评价分析(山东省定额)

作物种类	分区	典型区	灌区类型	取水方式	工程类型	净亩均用水量/(m^3/亩)	灌溉水利用系数	毛亩均用水量/(m^3/亩)	渠系水利用系数	大中型灌区斗口毛亩均用水量/(m^3/亩)	赋分系数	调查区满分赋分值	典型区得分	分区得分	玉米得分
玉米	鲁西南区	济宁市某引黄灌区	大型	自流引水	土渠输水	59.05	0.56	105.45	0.62	65.38	0.4	1.53	0.61	0.61	
	鲁北区	淄博市某引黄灌区渠灌区	大型	自流引水	土渠输水	39.95	0.58	68.88	0.81	55.79	1		12.56		
		德州市某引黄灌区	大型	自流引水	土渠输水	73.90	0.57	129.65	0.65	84.27	0.8	12.56	10.05	8.79	
		德州市某引水灌区	小型	提水	土渠输水	71.97	0.64	112.45	—	112.45	0.4		5.03		
	鲁中区	德州市某灌区	小型	自流引水	土渠输水	53.19	0.62	85.79	—	85.79	0.6		7.54		
		淄博市某纯井灌区	中型	地下水	管道输水	64.94	0.85	76.40	—	76.40	0.4		0.06		9.59
		泰安市某井灌区	中型	自流引水	土渠输水	68.80	0.54	127.41	—	127.41	0.4	0.14	0.06	0.08	
	鲁南区	潍坊市某引河灌区	中型	提水	渠道防渗	14.76	0.53	27.85	0.81	22.56	1		0.14		
		日照市某水库灌区	中型	自流引水	土渠输水	64.79	0.67	96.70	0.72	69.63	0.4	0.03	0.01	0.01	
	胶东区	日照市某井灌区	小型	地下水	管道输水	34.61	0.91	38.03	—	38.03	0.4		0.01		
		青岛市某水库灌区	中型	自流引水	土渠输水	35.85	0.59	60.76	0.69	41.93	0.6		0.10		
		烟台市某井灌区	小型	地下水	管道输水	76.02	0.81	93.85	—	93.85	0.4	0.17	0.07	0.10	
		烟台市某水库灌区	小型	自流引水	土渠输水	79.09	0.57	138.75	—	138.75	0.4		0.07		

表 4.2-11 棉花用水评价分析(山东省定额)

作物种类	分区	典型区	灌区类型	取水方式	工程类型	净亩均用水量/(m^3/亩)	灌溉水利用系数	毛亩均用水量/(m^3/亩)	渠系水利用系数	大中型灌区斗口毛亩均用水量/(m^3/亩)	赋分系数	调查区满分赋分值	典型区得分	分区得分	棉花得分
棉花	鲁西南区	济宁市某井灌区	小型	地下水	管道输水	27.25	0.80	34.06	—	34.06	1	0.002	0.002	0.002	0.67
	鲁北区	东营市某灌区	大型	自流引水	土渠输水	52.05	0.56	92.95	0.75	69.71	1	0.668	0.668	0.668	
		德州市某引黄灌区	大型	自流引水	土渠输水	66.05	0.57	115.88	0.65	75.32	1		0.668		

1)火电

本次火电行业选取用水量靠前的10家企业,分别计算各企业单位产品用水量。根据山东省用水定额标准,构建火电行业节水评价指标分级标准,见表4.2-12。山东省火电行业节水评价总得分1.31分。详见表4.2-13。

表4.2-12　山东省火电行业节水评价指标分级标准

序号	产品	单位	先进	较先进	一般	落后
1	火力发电循环冷却单机容量<300 MW	$m^3/(MW \cdot h)$	≤1.78	1.78~2.48	2.48~3.18	>3.18
2	火力发电循环冷却单机容量300 MW级	$m^3/(MW \cdot h)$	≤1.63	1.63~2.01	2.01~2.38	>2.38
3	火力发电循环冷却单机容量600 MW级及以上	$m^3/(MW \cdot h)$	≤1.56	1.56~1.94	1.94~2.31	>2.31
4	火力发电直流冷却单机容量300 MW级	$m^3/(MW \cdot h)$	≤0.28	0.28~0.36	0.36~0.44	>0.44
5	火力发电直流冷却单机容量600 MW级及以上	$m^3/(MW \cdot h)$	≤0.24	0.24~0.28	0.28~0.31	>0.31
6	供热耗水	m^3/GJ	≤0.16	0.16~0.27	0.27~0.37	>0.37
7	蒸汽耗水	m^3/t	≤1.10	1.10~1.23	1.23~1.35	>1.35

表4.2-13　山东省火电行业节水评价结果

序号	名称	产品名称	单位	单位产品用水量	得分
1	企业1	火力发电直流冷却单机容量300 MW级	$m^3/(MW \cdot h)$	0.29	1.19
		供热耗水	m^3/GJ	0.03	0.08
		小计			1.27

续表 4.2-13

序号	名称	产品名称	单位	单位产品用水量	得分
2	企业 2	火力发电直流冷却单机容量 300 MW 级	$m^3/(MW\cdot h)$	0.36	1.18
		供热耗水	m^3/GJ	0.33	0.05
		小计			1.23
3	企业 3	火力发电直流冷却单机容量 600 MW 级及以上	$m^3/(MW\cdot h)$	0.1	1.49
		供热耗水	m^3/GJ	0.27	0.04
		小计			1.53
4	企业 4	火力发电直流冷却单机容量 600 MW 级及以上	$m^3/(MW\cdot h)$	0.12	1.49
		供热耗水	m^3/GJ	0.09	0.07
		小计			1.56
5	企业 5	火力发电循环冷却单机容量 600 MW 级及以上	$m^3/(MW\cdot h)$	2.04	0.94
		小计			0.94
6	企业 6	火力发电循环冷却单机容量 300 MW 级	$m^3/(MW\cdot h)$	2.00	1.19
		供热耗水	m^3 GJ	0.2	0.06
		小计			1.25
7	企业 7	火力发电循环冷却单机容量<300 MW	$m^3/(MW\cdot h)$	1.99	1.19
		蒸汽耗水	m^3/t	0.65	0.08
		小计			1.27

续表 4.2-13

序号	名称	产品名称	单位	单位产品用水量	得分
8	企业 8	火力发电循环冷却单机容量<300 MW	$m^3/(MW \cdot h)$	1.55	1.48
		供热耗水	m^3/GJ	0.35	0.05
		小计			1.53
9	企业 9	火力发电循环冷却单机容量<300 MW	$m^3/(MW \cdot h)$	1.98	1.19
		供热耗水	m^3/GJ	0.22	0.06
		小计			1.25
10	企业 10	火力发电循环冷却单机容量 300 MW 级	$m^3/(MW \cdot h)$	1.88	1.18
		供热耗水	m^3/GJ	0.15	0.08
		小计			1.26
平均					1.31

2）钢铁

本次钢铁行业选取用水量靠前的 10 家企业，分别计算各企业单位产品用水量。根据山东省用水定额标准，构建钢铁行业节水评价指标分级标准，见表 4.2-14。山东省钢铁行业节水评价总得分 1.09 分。详见表 4.2-15。

表 4.2-14　山东省钢铁行业节水评价指标分级标准

序号	产品	单位	先进	较先进	一般	落后
1	烧结	m^3/t	≤0.17	0.17~0.21	0.21~0.25	>0.25
2	生铁	m^3/t	≤0.42	0.42~0.49	0.49~0.55	>0.55
3	球团	m^3/t	≤0.10	0.10~0.14	0.14~0.17	>0.17

续表 4.2-14

序号	产品	单位	先进	较先进	一般	落后
4	转炉炼钢	m^3/t	≤0.35	0.35~0.50	0.50~0.65	>0.65
5	电炉炼钢	m^3/t	≤0.40	0.40~0.45	0.45~0.50	>0.50
6	热轧线材	m^3/t	≤0.25	0.25~0.35	0.35~0.45	>0.45
7	热轧板材	m^3/t	≤0.22	0.22~0.31	0.31~0.39	>0.39
8	热轧棒材	m^3/t	≤0.20	0.20~0.32	0.32~0.43	>0.43

表 4.2-15 山东省钢铁行业节水评价结果

序号	名称	产品名称	单位	单位产品用水量	得分
1	企业 1	烧结	m^3/t	0.17	0.35
		转炉炼钢	m^3/t	0.35	0.68
		生铁	m^3/t	0.42	0.54
		小计			1.57
2	企业 2	烧结	m^3/t	0.37	0.14
		生铁	m^3/t	0.79	0.21
		转炉炼钢	m^3/t	0.76	0.27
		小计			0.62
3	企业 3	烧结	m^3/t	0.17	0.36
		球团	m^3/t	0.09	0.66
		生铁	m^3/t	0.55	0.33
		小计			1.35
4	企业 4	烧结	m^3/t	0.15	0.42
		生铁	m^3/t	0.54	0.35
		热轧线材	m^3/t	0.28	0.44
		小计			1.21

续表 4.2-15

序号	名称	产品名称	单位	单位产品用水量	得分
5	企业 5	烧结	m^3/t	0.21	0.27
		生铁	m^3/t	0.52	0.33
		转炉炼钢	m^3/t	0.65	0.41
		小计			1.01
6	企业 6	烧结	m^3/t	0.14	0.21
		生铁	m^3/t	0.52	0.33
		电炉炼钢	m^3/t	0.69	0.26
		小计			0.80
7	企业 7	烧结	m^3/t	0.22	0.26
		生铁	m^3/t	0.48	0.47
		热轧板材	m^3/t	0.24	0.44
		小计			1.17
8	企业 8	烧结	m^3/t	0.23	0.20
		生铁	m^3/t	0.46	0.44
		电炉炼钢	m^3/t	0.42	0.54
		小计			1.18
9	企业 9	烧结	m^3/t	0.42	0.14
		生铁	m^3/t	0.54	0.32
		转炉炼钢	m^3/t	0.59	0.41
		小计			0.87
10	企业 10	烧结	m^3/t	0.19	0.35
		生铁	m^3/t	0.43	0.47
		热轧棒材	m^3/t	0.35	0.32
		小计			1.14
平均					1.09

3)纺织

本次纺织行业选取用水量靠前的10家企业,分别计算各企业单位产品用水量。根据山东省用水定额标准,构建山东省纺织行业节水评价指标分级标准,见表4.2-16。山东省纺织行业节水评价总得分1.14分。详见表4.2-17。

表4.2-16　山东省纺织行业节水评价指标分级标准

序号	产品	单位	先进	较先进	一般	落后
1	棉纱	m^3/t	≤14.4	14.40~17.65	17.65~20.90	>20.9
2	坯布	$m^3/100\ m$	≤0.2	0.20~0.35	0.35~0.50	>0.5
3	印染布	$m^3/100\ m$	≤1.0	1.00~1.20	1.20~1.40	>1.4
4	牛仔布	$m^3/100\ m$	≤1.4	1.40~1.50	1.50~1.60	>1.6
5	混纺纱线	m^3/t	≤80.0	80.00~85.00	85.00~90.00	>90.0
6	精纺纱线	m^3/t	≤66.5	66.50~67.15	67.15~67.80	>67.8
7	粗纺呢绒	$m^3/100\ m$	≤12.8	12.80~13.90	13.90~15.00	>15.0
8	精纺呢绒	$m^3/100\ m$	≤11.5	11.50~13.00	13.00~14.50	>14.5
9	针织布	m^3/t	≤80.0	80.00~85.00	85.00~90.00	>90.0

表4.2-17　山东省纺织行业节水评价结果

序号	名称	产品名称	单位	单位产品用水量	得分
1	企业1	棉纱	m^3/t	17.5	0.62
		坯布	$m^3/100\ m$	0.15	0.78
		小计			1.40
2	企业2	棉纱	m^3/t	14.58	0.62
		坯布	$m^3/100\ m$	0.34	0.62
		小计			1.24
3	企业3	印染布	$m^3/100\ m$	1.05	1.25

续表 4.2-17

序号	名称	产品名称	单位	单位产品用水量	得分
4	企业 4	印染布	m^3/100 m	1.4	0.94
5	企业 5	牛仔布	m^3/100 m	1.6	0.94
6	企业 6	混纺纱线	m^3/t	111.00	0.62
7	企业 7	精纺纱线	m^3/t	66.20	1.56
8	企业 8	粗纺呢绒	m^3/100 m	14.00	0.94
9	企业 9	精纺呢绒	m^3/100 m	11.80	1.25
10	企业 10	针织布	m^3/t	83.00	1.25
平均					1.14

4) 造纸

本次造纸行业选取用水量靠前的 10 家企业,分别计算各企业单位产品用水量。根据山东省用水定额标准,构建山东省造纸行业节水评价指标分级标准,见表 4.2-18。山东省造纸行业节水评价总得分 1.34 分。详见表 4.2-19。

表 4.2-18　山东省造纸行业节水评价指标分级标准

序号	产品	单位	先进	较先进	一般	落后
1	漂白化学木浆	m^3/t	≤38	38.0~41.5	41.5~45.0	>45
2	化学机械木浆	m^3/t	≤12	12.0~13.0	13.0~14.0	>14
3	生活用纸	m^3/t	≤12	12.0~13.5	13.5~15.0	>15
4	印刷书写纸	m^3/t	≤13	13.0~14.0	14.0~15.0	>15
5	涂布白卡纸	m^3/t	≤11	11.0~12.0	12.0~13.0	>13
6	新闻纸	m^3/t	≤11	11.0~12.0	12.0~13.0	>13
7	瓦楞原纸	m^3/t	≤7	7.0~8.5	8.5~10.0	>10
8	涂布白板纸	m^3/t	≤10	10.0~11.5	11.5~13.0	>13

续表 4.2-18

序号	产品	单位	先进	较先进	一般	落后
9	箱纸板	m^3/t	≤8	8.0~9.0	9.0~10	>10
10	包装用纸	m^3/t	≤13	13.0~14.5	14.5~16.0	>16
11	铜版纸	m^3/t	≤5	5.0~6.0	6.0~7.0	>7

表 4.2-19 山东省造纸行业节水评价结果

序号	名称	产品名称	单位	单位产品用水量	得分
1	企业 1	印刷书写纸	m^3/t	7.79	1.01
		涂布白卡纸	m^3/t	12.04	0.33
		小计			1.34
2	企业 2	漂白化学木浆	m^3/t	18.43	0.43
		印刷书写纸	m^3/t	4.22	1.05
		生活用纸	m^3/t	6.12	0.08
		小计			1.56
3	企业 3	新闻纸	m^3/t	5.45	1.18
		铜版纸	m^3/t	4.78	0.38
		小计			1.56
4	企业 4	印刷书写纸	m^3/t	10.48	1.46
		瓦楞原纸	m^3/t	2.41	0.10
		小计			1.56
5	企业 5	涂布白板纸	m^3/t	6.93	0.75
		箱纸板	m^3/t	5.82	0.81
		小计			1.56

续表 4.2-19

序号	名称	产品名称	单位	单位产品用水量	得分
6	企业 6	漂白化学木浆	m^3/t	19.36	0.56
		涂布白卡纸	m^3/t	8.68	0.16
		小计			0.72
7	企业 7	漂白化学木浆	m^3/t	34.07	1.13
		化学机械木浆	m^3/t	8.54	0.43
		小计			1.56
8	企业 8	漂白化学木浆	m^3/t	39.48	0.70
		印刷书写纸	m^3/t	14.28	0.41
		小计			1.11
9	企业 9	漂白化学木浆	m^3/t	42.62	0.71
		包装用纸	m^3/t	19.00	0.15
		小计			0.86
10	企业 10	生活用纸	m^3/t	6.71	1.56
		小计			1.56
平均					1.34

5)石化

本次石化行业选取用水量靠前的 10 家企业,分别计算各企业单位产品用水量。根据山东省用水定额标准,构建山东省石化行业节水评价指标分级标准,见表 4.2-20。山东省石化行业节水评价总得分 1.25 分。详见表 4.2-21。

表 4.2-20　山东省石化行业节水评价指标分级标准

序号	产品	单位	先进	较先进	一般	落后
1	原油一次加工	m^3/t	≤0.61	0.61~0.67	0.67~0.72	>0.72
2	乙烯	m^3/t	≤12.00	12.00~12.73	12.73~13.46	>13.46
3	焦炭	m^3/t	≤1.20	1.20~1.25	1.25~1.30	>1.30
4	焦炉煤气	m^3/万 m^3	≤31.58	31.58~36.84	36.84~42.10	>42.10
5	煤制甲醇	m^3/t	≤7.00	7.00~7.40	7.40~7.80	>7.80

表 4.2-21　山东省石化行业节水评价结果

序号	名称	产品名称	单位	单位产品用水量	得分
1	企业 1	焦炭	m^3/t	1.3	0.38
		焦炉煤气	m^3/万 m^3	34.3	0.08
		煤制甲醇	m^3/t	7.8	0.80
		小计			1.26
2	企业 2	焦炭	m^3/t	1.3	0.50
		焦炉煤气	m^3/万 m^3	42.0	0.44
		小计			0.94
3	企业 3	焦炭	m^3/t	1.2	1.56
4	企业 4	乙烯	m^3/t	12.6	1.25
5	企业 5	煤制甲醇	m^3/t	6.7	1.56
6	企业 6	煤制甲醇	m^3/t	7.7	0.94
7	企业 7	煤制甲醇	m^3/t	6.9	1.56
8	企业 8	原油一次加工	m^3/t	0.7	0.94
9	企业 9	原油一次加工	m^3/t	0.7	0.94
10	企业 10	原油一次加工	m^3/t	0.6	1.56
平均					1.25

6）化工

本次化工行业选取用水量靠前的10家企业，分别计算各企业单位产品用水量。根据山东省用水定额标准，构建山东省化工行业节水评价指标分级标准，见表4.2-22。山东省化工行业节水评价总得分1.12分。详见表4.2-23。

表4.2-22　山东省化工行业节水评价指标分级标准

序号	产品	单位	先进	较先进	一般	落后
1	烧碱（30%离子膜法）	m^3/t	≤4.4	4.4~5.7	5.7~6.9	>6.9
2	聚氯乙烯（电石法）	m^3/t	≤5	5.0~7.5	7.5~10.0	>10
3	聚氯乙烯（乙烯氧化法）	m^3/t	≤7	7.0~8.3	8.3~9.5	>9.5
4	盐酸	m^3/t	≤1.6	1.6~1.8	1.8~2.1	>2.1
5	氯化聚乙烯（酸相法）	m^3/t	≤10.7	10.7~12.4	12.4~14.0	>14
6	坚固大红	m^3/t	≤138	138.0~161.0	161.0~184.0	>184
7	金光红	m^3/t	≤139.5	139.5~162.8	162.8~186.0	>186
8	联苯胺黄	m^3/t	≤144	144.0~168.0	168.0~192.0	>192
9	合成氨（烟煤、褐煤）	m^3/t	≤7	7.0~9.0	9.0~11.0	>11
10	尿素（水溶液全循环法）	m^3/t	≤2.4	2.4~2.9	2.9~3.3	>3.3
11	尿素（气提法）	m^3/t	≤2.1	2.1~2.6	2.6~3.0	>3
12	橡胶防老剂IPPD	m^3/t	≤4.1	4.1~4.7	4.7~5.4	>5.4
13	橡胶防老剂TMQ	m^3/t	≤10.4	10.4~12.1	12.1~13.8	>13.8
14	橡胶促进剂MBT（酸碱法）	m^3/t	≤6.8	6.8~7.9	7.9~9.0	>9
15	橡胶促进剂MBT（溶剂法）	m^3/t	≤2.6	2.6~3.1	3.1~3.5	>3.5
16	橡胶促进剂TBBS	m^3/t	≤13.1	13.1~15.2	15.2~17.4	>17.4
17	橡胶促进剂CBS	m^3/t	≤9.3	9.3~10.9	10.9~12.4	>12.4

表 4.2-23　山东省化工行业节水评价结果

序号	名称	产品名称	单位	单位产品用水量	得分
1	企业 1	烧碱	m^3/t	6.5	0.42
		聚氯乙烯(电石法)	m^3/t	11.5	0.34
		小计			0.76
2	企业 2	烧碱	m^3/t	5.3	0.55
		聚氯乙烯(电石法)	m^3/t	9.4	0.53
		小计			1.08
3	企业 3	烧碱	m^3/t	5.6	0.57
		聚氯乙烯(乙烯氧化法)	m^3/t	9.1	0.51
		小计			1.08
4	企业 4	烧碱	m^3/t	6.0	0.33
		盐酸	m^3/t	2.0	0.21
		氯化聚乙烯(酸相法)	m^3/t	14.5	0.27
		小计			0.81
5	企业 5	金光红	m^3/t	186.0	0.26
		坚固大红	m^3/t	184.0	0.23
		联苯胺黄	m^3/t	192.0	0.44
		小计			0.93
6	企业 6	合成氨(烟煤、褐煤)	m^3/t	9.0	1.13
		尿素(水溶液全循环法)	m^3/t	2.3	0.15
		小计			1.28
7	企业 7	合成氨(烟煤、褐煤)	m^3/t	6.9	1.33
		尿素(气提法)	m^3/t	1.6	0.23
		小计			1.56

续表 4.2-23

序号	名称	产品名称	单位	单位产品用水量	得分
8	企业 8	橡胶防老剂 IPPD	m^3/t	5.4	0.18
		橡胶防老剂 TMQ	m^3/t	13.0	0.56
		橡胶促进剂 MBT(酸碱法)	m^3/t	9.0	0.19
		小计			0.93
9	企业 9	橡胶防老剂 TMQ	m^3/t	10.2	0.72
		橡胶促进剂 TBBS	m^3/t	13.0	0.84
		小计			1.56
10	企业 10	橡胶促进剂 MBT(溶剂法)	m^3/t	3.0	0.44
		橡胶促进剂 TBBS	m^3/t	15.1	0.27
		橡胶促进剂 CBS	m^3/t	10.8	0.54
		小计			1.25
平均					1.12

7)食品

本次食品行业选取用水量靠前的10家企业,分别计算各企业单位产品用水量。根据山东省用水定额标准,构建山东省食品行业节水评价指标分级标准,见表4.2-24。山东省食品行业节水评价总得分1.19分。详见表4.2-25。

表 4.2-24　山东省食品行业节水评价指标分级标准

序号	产品	单位	先进	较先进	一般	落后
1	糕点	m^3/t	≤11	11.0~11.5	11.5~12.0	>12
2	速冻食品	m^3/t	≤11	11.0~11.5	11.5~12.0	>12
3	方便面	m^3/t	≤1	1.0~1.2	1.2~1.3	>1.3
4	酸奶	m^3/t	≤4	4.0~4.5	4.5~5.0	>5

续表 4.2-24

序号	产品	单位	先进	较先进	一般	落后
5	水果罐头	m^3/t	≤8	8.0~8.5	8.5~9.0	>9
6	八宝粥	m^3/万罐	≤10	10.0~10.5	10.5~11.0	>11
7	味精	m^3/t	≤11	11.0~11.5	11.5~12.0	>12
8	酱油	m^3/t	≤3.5	3.5~4.3	4.3~5.0	>5
9	柠檬酸	m^3/t	≤11	11.0~12.0	12.0~13.0	>13
10	冷饮	m^3/t	≤18	18.0~19.5	19.5~21.0	>21
11	食品酶	m^3/t	≤4	4.0~4.75	4.75~5.5	>5.5

表 4.2-25　山东省食品行业节水评价结果

序号	名称	产品名称	单位	单位产品用水量	得分
1	企业 1	速冻食品	m^3/t	25.64	0.62
		小计			0.62
2	企业 2	柠檬酸	m^3/t	14.97	0.62
		小计			0.62
3	企业 3	食品酶	m^3/t	6	0.62
		小计			0.62
4	企业 4	糕点	m^3/t	10.5	1.56
		小计			1.56
5	企业 5	酱油	m^3/t	2.79	1.56
		小计			1.56
6	企业 6	方便面	m^3/t	0.81	1.56
		小计			1.56
7	企业 7	酸奶	m^3/t	3.9	1.56
		小计			1.56

续表 4.2-25

序号	名称	产品名称	单位	单位产品用水量	得分
8	企业 8	味精	m^3/t	10.78	1.56
		小计			1.56
9	企业 9	八宝粥	m^3/万罐	8.29	1.56
		小计			1.56
10	企业 10	水果罐头	m^3/t	11.5	0.62
		小计			0.62
平均					1.19

8)高耗水工业企业节水评价得分

经过高耗水工业行业调研及计算分析,山东省高耗水工业企业节水评价得分 8.44 分,详见表 4.2-26。

表 4.2-26　山东省高耗水工业企业节水评价得分

序号	高耗水工业行业	节水评价得分
1	火电	1.31
2	钢铁	1.09
3	纺织	1.14
4	造纸	1.34
5	石化	1.25
6	化工	1.12
7	食品	1.19
合计		8.44

2. 一般工业企业用水指标

选取非高耗水工业行业 45 家企业,分别计算各企业单位产品用水量。根据山东省用水定额标准，构建山东省一般工业企业节水评价指标分级标准，见表4.2-27。山东省一般工业企业节水评价总得分3.90分。详见表4.2-28。

表4.2-27 山东省一般工业企业节水评价指标分级标准

序号	产品	单位	先进	较先进	一般	落后
1	头孢菌素	m^3/t	≤177.80	177.80~207.40	207.40~237.00	>237.00
2	咖啡因	m^3/t	≤45.75	45.75~53.40	53.40~61.00	>61.00
3	水杨酸	m^3/t	≤13.40	13.40~15.60	15.60~17.80	>17.80
4	布洛芬	m^3/t	≤31.50	31.50~36.80	36.80~42.00	>42.00
5	葡醛内酯	m^3/kg	≤116.30	116.30~135.60	135.60~155.00	>155.00
6	奋乃静	m^3/kg	≤20.25	20.25~23.60	23.60~27.00	>27.00
7	大输液(500 mL)	m^3/万袋	≤6.75	6.75~7.90	7.90~9.00	>9
8	化学药品片剂(100 mg)	m^3/万片	≤0.20	0.20~0.23	0.23~0.26	>0.26
9	冻干粉针剂(≤10 mL)	m^3/万支	≤9.80	9.80~11.40	11.40~13.00	>13.00
10	粉针剂	m^3/万支	≤1.31	1.31~1.53	1.53~1.75	>1.75
11	小容量针剂(≤5 mL)	m^3/万支	≤4.10	4.10~4.70	4.70~5.40	>5.40
12	阿胶	m^3/t	≤135.00	135.00~157.50	157.50~180.00	>180.00
13	复方阿胶浆	m^3/t	≤15.80	15.80~18.40	18.40~21.00	>21.00
14	糖浆剂(100 mL)	m^3/万瓶	≤58.00	58.00~62.50	62.50~67.00	>67.00
15	啤酒	m^3/kL	≤5.00	5.00~5.30	5.30~5.60	>5.60
16	白酒(原酒)	m^3/kL	≤19.50	19.50~22.20	22.20~24.80	>24.80
17	酒精	m^3/kL	≤14.00	14.00~15.50	15.50~17.00	>17.00
18	碳酸饮料	m^3/t	≤2.60	2.60~3.10	3.10~3.60	>3.60

续表 4.2-27

序号	产品	单位	先进	较先进	一般	落后
19	纯净水	m^3/t	≤2.40	2.40~2.90	2.90~3.40	>3.40
20	蛋白饮料	m^3/t	≤6.00	6.00~7.00	7.00~8.00	>8.00
21	果菜汁饮料	m^3/t	≤3.20	3.20~4.10	4.10~5.00	>5.00
22	矿泉水	m^3/t	≤1.60	1.60~1.80	1.80~2.00	>2.00
23	半钢子午线轮胎	m^3/t	≤2.80	2.80~4.70	4.70~6.60	>6.60
24	全钢子午线轮胎	m^3/t	≤2.50	2.50~4.60	4.60~6.60	>6.60
25	斜交胎	m^3/t	≤5.60	5.60~6.10	6.10~6.60	>6.60
26	电瓷	m^3/t	≤10.16	10.16~11.85	11.85~13.54	>13.54
27	玻璃纤维	m^3/t	≤3.13	3.13~3.65	3.65~4.17	>4.17
28	耐火砖	m^3/m^3	≤1.68	1.68~1.96	1.96~2.24	>2.24
29	日用玻璃	m^3/t	≤3.20	3.20~3.73	3.73~4.26	>4.26
30	锅炉	m^3/蒸吨	≤48.00	48.00~55.50	55.50~63.00	>63.00
31	机床	m^3/台	≤22.00	22.00~25.00	25.00~28.00	>28.00
32	挖掘机	m^3/台	≤23.20	23.20~28.80	28.80~34.30	>34.30
33	水泵	m^3/台	≤8.20	8.20~9.20	9.20~10.10	>10.10
34	大豆蛋白	m^3/t	≤31.00	31.00~31.73	31.73~32.46	>32.46
35	豆油	m^3/t	≤0.76	0.76~0.85	0.85~0.93	>0.93
36	淀粉	m^3/t	≤0.90	0.90~1.04	1.04~1.17	>1.17
37	熟肉制品	m^3/t	≤6.10	6.10~6.41	6.41~6.72	>6.72
38	家禽屠宰	m^3/t	≤2.70	2.70~3.07	3.07~3.43	>3.43
39	乳胶手套	m^3/万双	≤15.00	15.00~20.50	20.50~26.00	>26.00
40	PVC 管	m^3/t	≤1.00	1.00~1.30	1.30~1.50	>1.50

续表 4.2-27

序号	产品	单位	先进	较先进	一般	落后
41	重型卡车	m^3/辆	≤11.40	11.40~13.20	13.20~15.00	>15.00
42	大客车	m^3/辆	≤30.30	30.30~35.40	35.40~40.40	>40.40
43	汽车挂车	m^3/辆	≤17.80	17.80~18.70	18.70~19.60	>19.60
44	长丝棉浆粕	m^3/t	≤44.00	44.00~66.00	66.00~88.00	>88.00
45	粘胶短纤维	m^3/t	≤35.00	35.00~45.00	45.00~55.00	>55.00
46	粘胶长纤维	m^3/t	≤157.00	157.00~182.00	182.00~207.00	>207.00
47	涤纶短纤维	m^3/t	≤1.20	1.20~1.70	1.70~2.20	>2.20
48	涤纶长纤维	m^3/t	≤1.40	1.40~1.65	1.65~1.90	>1.90

表 4.2-28 山东省一般工业企业节水评价结果

序号	名称	产品名称	单位	单位产品用水量	得分
1	企业 1	头孢菌素	m^3/t	226.62	0.90
		冻干粉针剂(≤10 mL)	m^3/万支	11.92	0.84
		化学药品片剂(100 mg)	m^3/万片	0.46	0.71
		小计			2.45
2	企业 2	头孢菌素	m^3/t	175.50	4.68
		小计			4.68
3	企业 3	咖啡因	m^3/t	60.95	1.50
		水杨酸	m^3/t	17.73	0.31
		布洛芬	m^3/t	53.54	0.67
		小计			2.48

续表 4.2-28

序号	名称	产品名称	单位	单位产品用水量	得分
4	企业 4	葡醛内酯	m^3/kg	154.62	1.05
		奋乃静	m^3/kg	26.26	0.74
		化学药品片剂(100 mg)	m^3/万片	0.19	1.68
		小计			3.47
5	企业 5	大输液(500 mL)	m^3/万袋	6.7	4.68
		小计			4.68
6	企业 6	冻干粉针剂(≤10 mL)	m^3/万支	11.36	3.74
		小计			3.74
7	企业 7	粉针剂	m^3/万支	1.30	4.68
		小计			4.68
8	企业 8	小容量针剂(≤5 mL)	m^3/万支	4.10	4.68
		小计			4.68
9	企业 9	阿胶	m^3/t	179.93	2.10
		复方阿胶浆	m^3/t	23.64	0.47
		小计			2.57
10	企业 10	糖浆剂(100 mL)	m^3/万瓶	60.83	3.74
		小计			3.74
11	企业 11	啤酒	m^3/kL	3.69	4.68
		小计			4.68
12	企业 12	啤酒	m^3/kL	5	4.68
		小计			4.68
13	企业 13	白酒(原酒)	m^3/kL	23.56	2.81
		小计			2.81

续表 4.2-28

序号	名称	产品名称	单位	单位产品用水量	得分
14	企业 14	白酒(原酒)	m³/kL	19.5	4.68
		小计			4.68
15	企业 15	白酒(原酒)	m³/kL	23.42	2.81
		小计			2.81
16	企业 16	酒精	m³/kL	16.13	2.81
		小计			2.81
17	企业 17	酒精	m³/kL	13.82	4.68
		小计			4.68
18	企业 18	碳酸饮料	m³/t	1.44	0.56
		纯净水	m³/t	1.70	3.65
		蛋白饮料	m³/t	7.20	0.28
		小计			4.49
19	企业 19	果菜汁饮料	m³/t	2.21	4.68
		小计			4.68
20	企业 20	矿泉水	m³/t	1.49	4.68
		小计			4.68
21	企业 21	半钢子午线轮胎	m³/t	3.46	0.76
		全钢子午线轮胎	m³/t	2.50	3.28
		斜交胎	m³/t	6.27	0.27
		小计			4.31
22	企业 22	半钢子午线轮胎	m³/t	6.43	2.81
		小计			2.81

续表 4.2-28

序号	名称	产品名称	单位	单位产品用水量	得分
23	企业 23	半钢子午线轮胎	m^3/t	2.06	1.04
		全钢子午线轮胎	m^3/t	2.50	1.23
		斜交胎	m^3/t	4.80	2.40
		小计			4.67
24	企业 24	电瓷	m^3/t	7.51	4.68
		小计			4.68
25	企业 25	玻璃纤维	m^3/t	3.60	3.74
		小计			3.74
26	企业 26	耐火砖	m^3/m^3	2.52	1.87
		小计			1.87
27	企业 27	日用玻璃	m^3/t	4.00	2.81
		小计			2.81
28	企业 28	锅炉	m^3/蒸吨	55.00	3.74
		小计			3.74
29	企业 29	机床	m^3/台	24.10	3.74
		小计			3.74
30	企业 30	挖掘机	m^3/台	25.00	3.74
		小计			3.74
31	企业 31	水泵	m^3/台	8.20	4.68
		小计			4.68
32	企业 32	大豆蛋白	m^3/t	32.00	2.81
		小计			2.81
33	企业 33	豆油	m^3/t	0.76	4.68
		小计			4.68

续表 4.2-28

序号	名称	产品名称	单位	单位产品用水量	得分
34	企业 34	淀粉	m^3/t	0.90	4.68
		小计			4.68
35	企业 35	熟肉制品	m^3/t	4.30	4.68
		小计			4.68
36	企业 36	家禽屠宰	m^3/t	2.70	4.68
		小计			4.68
37	企业 37	乳胶手套	m^3/万双	20.20	3.74
		小计			3.74
38	企业 38	乳胶手套	m^3/万双	14.66	4.68
		小计			4.68
39	企业 39	PVC 管	m^3/t	1.00	4.68
		小计			4.68
40	企业 40	重型卡车	m^3/辆	12.50	3.74
		小计			3.74
41	企业 41	大客车	m^3/辆	30.20	4.68
		小计			4.68
42	企业 42	汽车挂车	m^3/辆	18.20	3.74
		小计			3.74
43	企业 43	长丝棉浆粕	m^3/t	43.70	4.68
		小计			4.68
44	企业 44	粘胶短纤维	m^3/t	48.80	1.61
		粘胶长纤维	m^3/t	205.80	1.20
		小计			2.81

续表 4.2-28

序号	名称	产品名称	单位	单位产品用水量	得分
45	企业 45	涤纶短纤维	m^3/t	1.8	1.39
		涤纶长纤维	m^3/t	2.1	0.94
		小计			2.33
平均					3.90

3. 工业企业指标总得分

经过分析计算,山东省高耗水工业行业节水评价得分 8.44 分,其他工业企业节水评价得分 3.90 分,工业企业用水指标节水评价总得分 12.34 分。

(三)服务业用水指标

本次区域节水评价农业用水指标计 30 分,工业和服务业用水指标计 30 分。2019 年山东省生活用水量占工业和生活用水量之和的 48%,服务业用水指标计 14.4 分。其中,学校用水指标权重按 0.4,计 5.76 分,宾馆用水指标权重按 0.3,计 4.32 分,机关用水指标权重按 0.3,计 4.32 分。

1. 学校

在国家级、省级、市级重点监控用水单位名录中随机抽取 10 家高校进行评价。根据国家用水定额指标,构建山东省学校节水评价指标分级标准,分别计算各高校单位用水量,并参照标准赋分,将 10 家高校得分按用水量加权平均得到山东省学校节水评价得分 4.96 分。详见表 4.2-29 和表 4.2-30。

表 4.2-29　山东省学校节水评价标准分级标准

序号	产品	单位	先进	较先进	一般	落后
1	高等教育	$m^3/(人·a)$	≤33.0	33.0~41.5	41.5~50	>50

表 4.2-30 山东省学校节水评价结果

序号	名称	用水量/万 m^3	人数/人	单位用水量/[m^3/(人·a)]	得分
1	高校 1	44	14 472	30	5.76
2	高校 2	129	37 700	34	4.61
3	高校 3	38	8 000	47	3.46
4	高校 4	29	14 411	20	5.76
5	高校 5	105	35 145	30	5.76
6	高校 6	119	31 200	38	4.61
7	高校 7	80	16 000	50	3.46
8	高校 8	100	30 000	33	5.76
9	高校 9	88	22 177	40	4.61
10	高校 10	39	20 200	19	5.76
平均					4.96

2. 宾馆

随机抽取 10 家四、五星级宾馆和 10 家三星级宾馆进行节水评价。根据国家用水定额指标，构建宾馆节水评价指标分级标准，分别计算各宾馆单位用水量，并参照标准赋分，将各宾馆得分按用水量加权平均得到山东省宾馆节水评价，得分 3.54 分。详见表 4.2-31 和表 4.2-32。

表 4.2-31 山东省宾馆节水评价分级标准

序号	产品	单位	先进	较先进	一般	落后
1	宾馆（四、五星级）	m^3/(床·a)	≤146.00	146.00~184.50	184.50~223.00	>223.00
2	宾馆（三星级）	m^3/(床·a)	≤118.00	118.00~141.50	141.50~165.00	>165.00

表 4.2-32　山东省宾馆节水评价结果

序号	四、五星级宾馆名称	单位用水量/[m³/(床·a)]	得分
1	宾馆 1	202	2.59
2	宾馆 2	201	2.59
3	宾馆 3	190	2.59
4	宾馆 4	180	3.46
5	宾馆 5	178	3.46
6	宾馆 6	182	3.46
7	宾馆 7	145	4.32
8	宾馆 8	179	3.46
9	宾馆 9	146	4.32
10	宾馆 10	155	3.46
平均			3.37
序号	三星级宾馆名称	单位用水量/[m³/(床·a)]	得分
1	宾馆 11	117	4.32
2	宾馆 12	112	4.32
3	宾馆 13	155	2.59
4	宾馆 14	140	3.46
5	宾馆 15	140	3.46
6	宾馆 16	116	4.32
7	宾馆 17	135	3.46
8	宾馆 18	130	3.46
9	宾馆 19	110	4.32
10	宾馆 20	125	3.46
平均			3.72
平均			3.54

3. 机关

随机抽取20家机关进行节水评价。根据国家用水定额指标,构建机关节水评价指标分级标准,分别计算各机关单位用水量,并参照标准赋分,将各机关得分按用水量加权平均得到山东省机关节水评价得分4.06分。详见表4.2-33和表4.2-34。

表4.2-33　山东省机关节水评价分级标准

序号	产品	单位	先进	较先进	一般	落后
1	机关	m^3/(人·a)	≤10	10.0~17.5	17.5~25.0	>25.0

表4.2-34　山东省机关宾馆节水评价结果

序号	名称	单位用水量/[m^3/(人·a)]	得分
1	机关1	10.56	3.46
2	机关2	7.32	4.32
3	机关3	11.90	3.46
4	机关4	8.16	4.32
5	机关5	10.00	4.32
6	机关6	12.81	3.46
7	机关7	10.00	4.32
8	机关8	9.64	4.32
9	机关9	12.00	3.46
10	机关10	9.53	4.32
11	机关11	9.17	4.32
12	机关12	9.55	4.32
13	机关13	8.58	4.32
14	机关14	6.34	4.32
15	机关15	8.91	4.32

续表 4.2-34

序号	名称	单位用水量/[m³/(人·a)]	得分
16	机关 16	8.12	4.32
17	机关 17	8.06	4.32
18	机关 18	7.43	4.32
19	机关 19	10.53	3.46
20	机关 20	13.80	3.46
平均			4.06

4.服务业用水指标总得分

经过分析计算,山东省学校节水评价得分 4.96 分,宾馆节水评价得分 3.54 分,机关节水评价得分 4.06 分,服务业用水指标总得分 12.56 分。

二、综合指标

根据《区域节水评价方法(试行)》(T/CHES 46—2020),建立综合指标评价分级标准体系,见表 4.2-35。

表 4.2-35　各项综合指标评价分级标准

序号	指标	单位	先进	较先进	一般	落后	分值
1	万元 GDP 用水量	m³	≤63.0	63~136	136~209	>209	10
2	万元工业增加值用水量	m³	≤40.0	40.0~52.5	52.5~65.0	>65.0	10
3	农田灌溉水有效利用系数	—	≥0.60	0.60~0.58	0.58~0.55	<0.55	10
4	公共供水管网漏损率	%	≤10.0	10.0~12.5	12.5~15.0	>15.0	5
5	非常规水源利用占比	%	≥3.80	3.80~2.15	2.15~0.50	<0.50	5

(一)万元 GDP 用水量

山东省 2019 年万元 GDP 用水量为 31.7 m^3,优于全国平均值 60.8 m^3,低于评价指标先进值 63.0 m^3,此项得分 10 分。

(二)万元工业增加值用水量

山东省 2019 年万元工业增加值用水量为 13.9 m^3,优于全国平均值 38.4 m^3,低于评价指标先进值 40.0 m^3,此项得分 10 分。

(三)农田灌溉水有效利用系数

山东省 2019 年农田灌溉水有效利用系数为 0.643,优于全国平均值 0.559,高于评价指标先进值 0.600,此项得分 10 分。

(四)公共供水管网漏损率

山东省 2019 年公共供水管网漏损率为 7.97%,对比综合指标评价分级标准,本次公共供水管网漏损率节水评价得分 5 分。

(五)非常规水源利用占比

根据《山东省水资源公报》,全省 2019 年非常规水源供水量达到 10.6 亿 m^3,占总供水量的 4.98%,对比综合指标评价分级标准,本次非常规水源利用占比节水评价得分 5 分。

(六)综合指标总得分

经过分析计算,山东省万元 GDP 用水量得分 10 分,万元工业增加值用水量得分 10 分,农田灌溉水有效利用系数得分 10 分,公共供水管网漏损率得分 5 分,非常规水源利用占比得分 5 分,综合指标总得分 40 分。

第三节　节水评价结果

一、节水评价结果

农业节水水平分别按国家和山东省定额进行评价后,山东省

区域节水评价总得分分别为91.46分和90.10分(见表4.3-1),评价结果为先进。

表4.3-1 山东省区域节水评价结果

	指标分类	指标	参考国家定额得分	参考山东省定额得分
山东省区域节水评价体系	农业用水指标	小麦	13.60	14.84
		玉米	12.20	9.60
		棉花	0.67	0.67
		小计	26.47	25.11
	工业用水指标	高耗水工业企业用水指标	8.53	8.44
		其他工业企业用水指标	3.91	3.90
		小计	12.44	12.34
	服务业用水指标	学校用水指标	4.95	4.96
		宾馆用水指标	3.54	3.54
		机关用水指标	4.06	4.06
		小计	12.55	12.56
	综合指标	万元GDP用水量	10.00	10.00
		万元工业增加值用水量	10.00	10.00
		农田灌溉水有效利用系数	10.00	10.00
		公共供水管网漏损率	5.00	5.00
		非常规水源利用占比	5.00	5.00
		小计	40.00	40.00
合计			91.46	90.10

二、评价结果分析

(一)用水量变化趋势

用水总量和行业用水量可以直接体现一个地区的用水量变化趋势和用水结构,可以在一定程度上反映该地区的经济结构。根据山东省2011—2019年水资源公报,山东省近十年平均总用水量 216.78 亿 m^3，用水结构没有明显改变，产业用水量占总用水量的 83%，其中农业用水量最大，占总用水量的 66%。各年度用水情况见图 4.3-1。

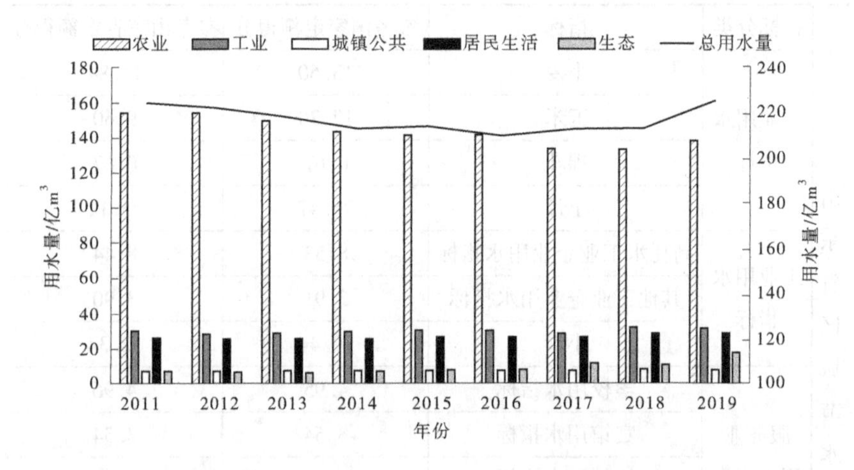

图 4.3-1　山东省 2011—2019 年行业用水量统计

山东省通过实施小型农田水利重点县、千亿斤粮食、高标准农田建设等田间节水灌溉工程，农业节水措施全面推行，农业用水总体呈明显下降趋势，用水总量从 2011 年的 154.26 亿 m^3 降低到 2019 年的 138.22 亿 m^3，下降幅度为 10%；工业年均用水量 30.09 亿 m^3，随着社会经济发展用水量呈波动上升趋势；城镇公共和居民生活年平均用水量分别为 7.45 亿 m^3、26.81 亿 m^3，整体呈平稳上升趋势，上升幅度不大。

（二）行业节水水平

山东省高度重视节水工作，建立了国家、省、市三级重点监控用水单位名录，制修订并发布了农业、工业、服务业、生活用水定额地方标准。将年用水量 1 万 m^3 以上的工业企业、服务业和公共机构等非居民用水户全部纳入计划用水管理范围。全省节水型企业、节水高校建成率分别达到 85.6% 和 26.8%，累计有 119 个县（市、区）达到县域节水型社会建设标准，占全省县

(市、区)总数的88%。

山东省是农业大省、粮食生产大省。目前,全省已建成各类灌区14.82万处,其中大型灌区50处、中型灌区444处、小型灌区14.77万处。全省耕地面积7 572 485 hm^2,有效灌溉面积5 293 560 hm^2,节水灌溉面积达到3 733 335 hm^2,占有效灌溉面积的70.53%,高于全国52.93%的比例,规模位居全国第三位。农田实灌面积4 805 382 hm^2,农田灌溉亩均用水量160 m^3,不到全国灌溉亩均用水量的一半;农田灌溉水有效利用系数达到0.643,比全国平均水平高出14个百分点,位居全国第五位。

近年来,随着深度节水控水行动实施,全省万元国内生产总值用水量、万元工业增加值用水量逐年下降。2019年,山东省万元GDP用水量29.82 m^3,万元工业增加值用水量12.62 m^3,农业灌溉水利用系数为0.643,相比全国处于较为先进的水平。全国各省(自治区、直辖市)节水水平折线图见图4.3-2。

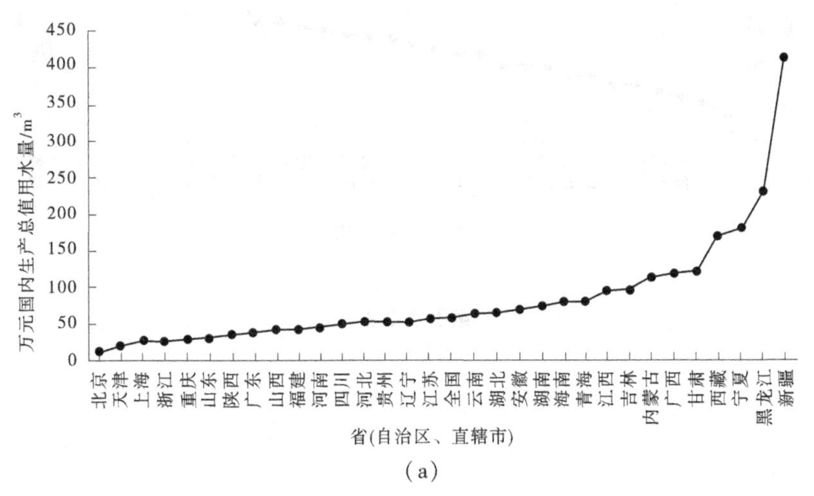

(a)

图4.3-2　全国各省(自治区、直辖市)节水水平折线图

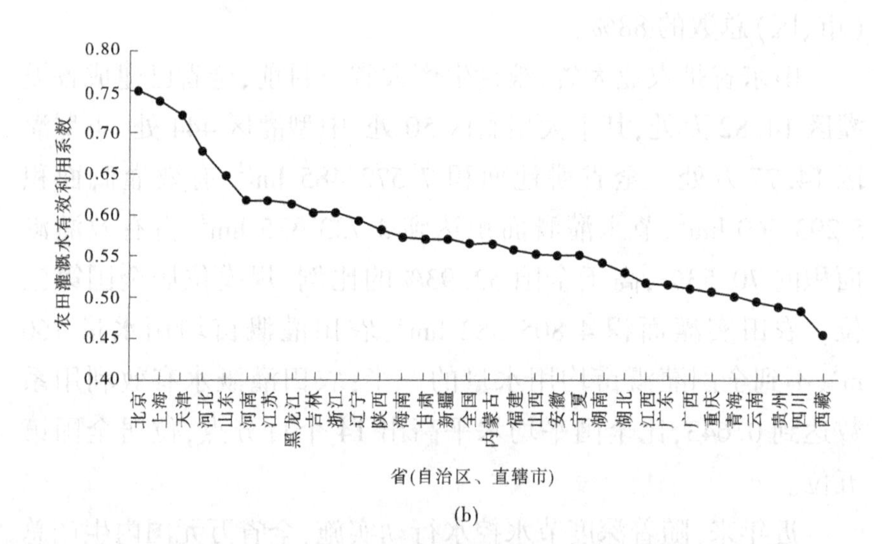
农田灌溉水有效利用系数
0.80
0.75
0.70
0.65
0.60
0.55
0.50
0.45
0.40
北京
上海
天津
河北
山东
河南
江苏
黑龙江
吉林
浙江
辽宁
陕西
海南
甘肃
新疆
全国
内蒙古
福建
山西
安徽
宁夏
湖南
湖北
江西
广东
广西
重庆
青海
云南
贵州
四川
西藏
省(自治区、直辖市)

(b)

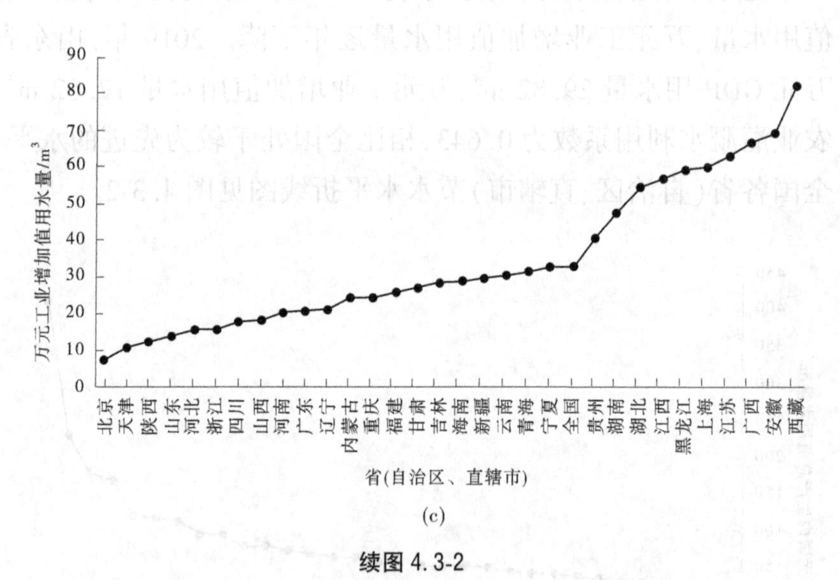
万元工业增加值用水量/m3
90
80
70
60
50
40
30
20
10
0
北京
天津
陕西
山东
河北
浙江
四川
山西
河南
广东
辽宁
内蒙古
重庆
福建
甘肃
吉林
海南
新疆
云南
青海
宁夏
全国
贵州
湖南
湖北
江西
黑龙江
上海
江苏
广西
安徽
西藏
省(自治区、直辖市)

(c)

续图 4.3-2

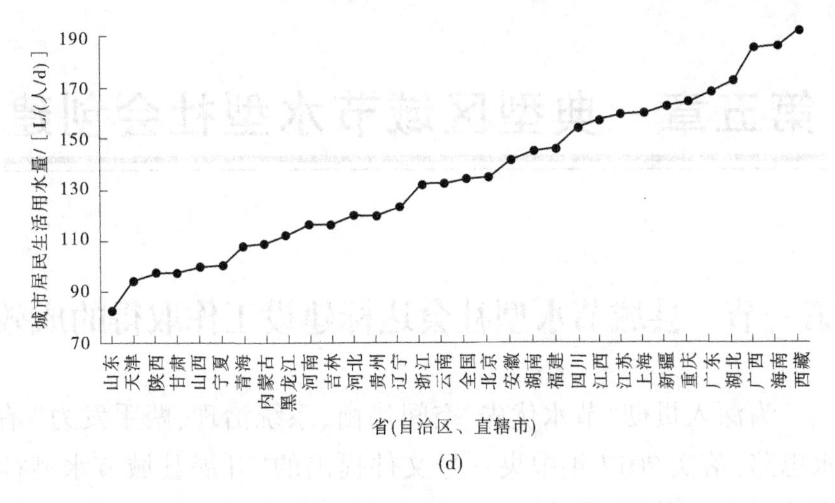

(d)

续图 4.3-2

(三)总体节水水平

山东省水资源紧缺,通过实施深度节水控水行动,充分挖掘行业节水潜力,完善节水体制机制,增强社会节水意识,区域节水水平总体处于全国前列。本次区域节水评价结果与评价区域实际节水情况基本一致。

第五章 典型区域节水型社会创建

第一节 县域节水型社会达标建设工作取得的成效

为深入贯彻“节水优先、空间均衡、系统治理、两手发力”治水思路，落实2017年中央一号文件提出的“开展县域节水型社会建设达标考核”要求，2017年水利部在全国范围内部署县域节水型社会达标建设工作。全国31个省级水行政主管部门积极制定实施措施，强化监督管理和业务指导，各县级人民政府认真落实目标责任和保障措施，扎实推进县域节水型社会达标建设工作。北京等8个省级行政区的65个县(区)完成建设任务，并进行评估、验收和公示。2018年，水利部组织有关单位对各地达标建设情况进行总体核查，并抽取20个县(区)对灌区、重点工业企业、公共机构、居民小区等节水载体进行现场检查。根据核查检查结果，北京市东城区等65个县(区)均达到节水型社会评价标准。

2019—2022年，水利部相继进行了第二批、第三批、第四批和第五批县域节水型社会达标建设复核工作。北京市朝阳区等201个县(区)、北京市丰台区等350个县(区)、天津市河东区等478个县(区)、天津市静海区等349个县(区)通过复核。截至2022年底，全国累计1 443个县(区)达到节水型社会标准，节水成效显著。

按照水利部工作部署，山东省水利厅于2017年7月印发《山东省水利厅关于开展县域节水型社会达标建设工作的通

知》(鲁水资字〔2017〕22号),制定《山东省县域节水型社会达标建设实施方案》,提出工作目标,开展全省范围内县域节水型社会达标建设工作。截至2022年底,山东省已持续创建5批次节水型社会建设达标县(区),累计达标县(区)119个,占全省县级行政区比例87.5%,总数位居全国第一。山东省节水型社会建设达标县(区)名单见表5.1-1。

表5.1-1 山东省节水型社会建设达标县(区)名单

地区	第一批(14个)	第二批(23个)	第三批(26个)	第四批(31个)	第五批(25个)
济南市	平阴县	章丘市	长清区	济阳区、莱芜区、商河县	历城区、钢城区
青岛市	即墨区	平度市	胶州市	城阳区、崂山区、莱西市	西海岸新区
淄博市	淄川区、张店区、桓台县	沂源县	博山区、临淄区、周村区、高青县		
枣庄市	滕州市	峄城区	台儿庄区	薛城区、山亭区	
东营市				河口区	垦利区、广饶县
烟台市	蓬莱市	龙口市、海阳市	莱山区、牟平区	福山区、莱州市	芝罘区、莱阳市、招远市、栖霞市
潍坊市	寿光市	诸城市、青州市	昌乐县	安丘市、昌邑市、高密市、临朐县	潍城区、寒亭区、坊子区、奎文区
济宁市		兖州区	曲阜市、泗水县、金乡县	任城区、邹城市、嘉祥县	微山县、汶上县
泰安市	肥城市	新泰市、宁阳县	泰山区、岱岳区、东平县		
威海市		荣成市	文登区、乳山市	环翠区	
日照市	五莲县	莒县	岚山区	东港区	

续表 5.1-1

地区	第一批（14个）	第二批（23个）	第三批（26个）	第四批（31个）	第五批（25个）
临沂市		蒙阴县、沂水县	莒南县、临沭县	罗庄区、沂南县、兰陵县、费县	兰山区、河东区、郯城县、平邑县
德州市	平原县	陵城区、乐陵市	禹城市、夏津县	齐河县、德城区	临邑县
聊城市		临清市、高唐县	东昌府区、阳信县	东阿县、阳谷县	茌平区、莘县
滨州市	沾化区、邹平市	滨城区、博兴县		惠民县	无棣县
菏泽市	郓城县	单县、定陶区	牡丹区	曹县、东明县	成武县、巨野县

第二节　山东省县域节水型社会达标建设案例——威海市环翠区

一、基本情况

威海市环翠区位于山东半岛东北部，辖区总面积 387. 39 km^2，海岸线长 43 km。东、西、北三面濒临黄海，是威海市政治、经济、文化、科技中心。下辖 4 个镇，5 个街道。境内无大江大河，属严重缺水地区。近年来，环翠区严格遵循习近平总书记“节水优先、空间均衡、系统治理、两手发力”的治水思路及黄河流域生态保护和高质量发展国家战略，全面加强节水管理，各项节水工作要求得到有效落实。2021 年 7 月 15 日，环翠区获评

水利部第四批节水型社会建设达标县(区)。

二、环翠区开展县域节水型社会达标建设工作实施方案

为全面推进节水型社会建设,增强全区经济社会可持续发展能力,实现水资源合理配置和高效节约集约利用,让节水成为一项重要的"社会契约"。按照《水利部关于开展县域节水型社会达标建设工作的通知》(水资源〔2017〕184号)、《山东省水利厅关于开展县域节水型社会达标建设工作的通知》(鲁水资字〔2017〕22号)等有关文件要求,结合环翠区实际,制定节水型社会达标建设实施方案。

(一)指导思想

以习近平新时代中国特色社会主义思想为指导,全面贯彻落实党的十九大及历次全会精神,按照"节水优先、空间均衡、系统治理、两手发力"的治水思路,坚持以水定城、以水定地、以水定人、以水定产,把水资源作为最大刚性约束,合理规划人口、城市和产业发展,坚决抑制不合理用水需求,大力发展节水产业和技术,积极培育节水型生产模式和消费模式,实施全社会节水行动,推动用水方式由粗放向节约集约转变。通过采取法律、行政、经济、科技和宣传教育等手段,推进"体系完整、体制完善、设施完备、高效利用、节水自律、监管有效"的县域节水型社会达标建设,为经济社会发展提供可持续的水资源保障。

(二)基本原则

坚持政府主导,鼓励公众参与。发挥政府宏观调控和引导作用,加强政府对县域节水型社会建设的引导,落实目标责任,强化节水型社会达标考核工作。创新节水宣传教育方式,逐步形成全社会广泛自觉参与节水型社会建设的良好氛围。

坚持制度优先,规范用水行为。通过建立健全节水制度,逐步与水资源环境承载能力相适应,推行以市场机制为基础的节水新机制,综合利用法律、行政、经济手段推动节水工作健康开展,实现水资源合理开发、高效利用。

坚持以人为本,促进人水和谐。正确处理生产用水、生活用水和生态用水关系,统筹考虑全区水资源承载能力、产业布局、用水结构等因素,科学合理分解节水型社会达标建设目标任务,坚持以水定需、量水发展,保障水资源安全。

坚持科技引领,推动创新发展。以科技创新为动力,推动各行业节水,建立健全社会水资源循环利用体系,加快高效实用的节水技术推广和应用,提高用水效率和效益,控制水资源消耗强度,积极稳妥推进县域节水型社会达标建设。

(三)总体目标

到2020年全区用水总量控制在0.540 6亿 m^3 以内,万元GDP用水量较2015年下降6%,万元工业增加值用水量较2015年下降5%,造纸、火电、纺织、化工等高耗水行业达到先进定额及省级节水型企业标准。实施生活节水改造,禁止生产销售并限期淘汰不符合节水标准的产品、设备;加强公共供水管网改造,到2020年,全区公共供水管网漏损率降至10%以内。加强农田节水改造,推进规模化高效节水灌溉,推广农作物节水抗旱技术,到2020年,全区节水灌溉工程面积达到国家目标要求,农田灌溉水有效利用系数达到0.702 0。按照政府引导、单位主责的原则,加快节水型企业(单位)创建,到2020年,节水型机关(单位)、企业和居民小区达到省、市规定机关(单位)50%和居民小区20%的标准要求。

(四)主要任务

1.推进行业节水

积极开展农业节水增产。优化种植业结构、大力发展旱地

作物节水农业。加强高标准农田建设和农业水价综合改革,健全灌溉水计量计价设施,积极推广喷灌、微灌、滴灌、水肥一体化等高效节水灌溉措施和技术,减少农业灌溉水消耗和浪费。积极发展集雨节灌,增强蓄水保墒能力,严格限制开采深层地下水用于农业灌溉。

努力提高工业节水增效。严格控制高耗水新建、改建和扩建项目,推进高耗水企业向水资源条件允许的工业园区集中。对采用列入淘汰目录工艺、技术和装备的项目,不予批准取水许可。推进现有企业和园区开展以节水为重点内容的绿色高质量转型升级和循环化改造,加快节水及水循环利用设施建设,促进企业间串联用水、分质用水、一水多用和循环利用。

不断提高城镇节水降耗。加快推进城镇供水管网改造,推广管网检漏防渗技术,降低供水管网漏损率,提高输配水效率和供水效益。大力推广普及节水器具,在不降低居民生活标准的前提下,逐步淘汰更新现有不符合节水标准的用水器具,城市新建、改建、扩建的公共和民用建筑全部采用符合节水标准的用水器具。

2. 严格用水节水管理

坚持规划引领。强化水资源刚性约束,健全市、县两级规划期及年度用水总量和强度控制指标体系,严把规划水资源论证关、取水许可关、新上项目关,形成水资源利用与经济社会发展规模和布局等协调发展的新格局。强化定额管理。科学制订用水计划,全面实施阶梯水价,落实公共管网覆盖范围内居民用水阶梯水价、非居民用水及特种行业超计划用水加价制度,自备水源用水实行超计划(定额)累进加价制度。实行用水全程监管。对与取用水相关的水利规划、需开展水资源论证的相关规划、与取用水相关的水利工程项目、办理取水许可的非水利建设项目等规划和建设项目开展节水评价。新建、改建、扩建项目要制订节水措施方案,配套建设节约用水设施。从项目核准备案到竣工验收全程抓起,确保节水评价、节水"三同时"制度落到实处。

3. 推行节水机制

强化水资源承载能力刚性约束。积极创新节水管理机制,严格水资源消耗总量和强度双控,切实落实最严格水资源管理制度,促进经济发展方式和用水方式转变,逐步提升节水管理水平。加快水权确权登记工作。通过加快水权确权登记工作,细化确权至具体用水户,积极培育水市场,逐步建立水权交易市场,力争实现新增用水通过水权转让解决,发挥市场在水资源配置中的决定性作用。开展节水载体示范引导工作。通过水资源承载能力评价,建立预警体系,发布预警信息,推行切实可行的激励政策,有重点、有目标地在高耗水企业、公共机构等领域开展示范引导工作。

4. 强化科技创新引领

加快建设节水型社会创新示范区。建设节水技术推广服务平台,加快先进实用技术示范和应用,鼓励推行"水肥一体化"技术,尽快形成一批实用高效、有推广前景的节水示范园区。探讨非常规水利用途径。鼓励非常规水利用技术创新与实践探索,积极引导非常规水配置利用、监控及风险评价等领域的科技创新,加快成果推广应用,不断提高治理能力和水平。尝试开展节水技术创新服务。有序开展节水技术、产品评估及推荐服务,鼓励形成节水产业技术创新平台和服务产品。

5. 广泛开展宣传教育

拓展节水常规宣传渠道。充分利用各类媒体开展节水宣传,加大微博、微信等新媒体关于节水的新闻报道力度,推进节水"进社区、进机关、进学校、进企业、进农村"等"五进"活动,多视角、多途径宣传节约用水方针政策、法律法规和节水知识，深入宣传节水型社会建设成果及典型案例，强化节水护水的舆论导向。因地制宜开展节水教育社会实践活动。开展面向用水单位、社区和个人，尤其是中小学生的节水知识、节水意识教育与培养，建设节水教育基地。组织节水载体建设专题培训、基础管理培训以及非常规资源利用技术业务培训，提升基层节水管理人员的业务水平和行业能力。倡导节水的文明方式和氛围。培养市民珍惜水、爱惜水的公德意识和自我约束意识，多形式、多层次组织和鼓励社会公众参与节水工作。探讨组织开展节水家庭创建活动，逐步引导人们把节水变为自觉行动，形成节约用水光荣、浪费水可耻的良好社会风尚。

（五）保障措施

加强组织领导，明确职责分工。为推进节水型社会建设，成立环翠区县域节水型社会达标建设工作领导小组，具体负责节水型社会建设的组织领导和指导协调，督促各有关单位认真落实各项节水工作任务。有关部门和单位要立足各自职责，加强配合，形成合力，为全面推进节水型社会建设提供组织保障。各镇、街道要落实节水型社会创建主体责任，确保责任到位、人员到位、措施到位。

拓宽融资渠道，保障财政投入。坚持政府主导、市场融资、公众参与的筹资原则，严格按照水资源税征收使用管理规定，不断加大对水资源节约保护和管理工作支持力度，大力推行合同节水管理等模式，充分发挥公共财政在节水型社会建设中的重要作用，建立完善的节水投入保障机制，广泛吸纳社会资本和民间资本投入。

严格节水监管，加大执法力度。各相关职能部门要建立健全节水管理体系，强化取水许可、计划用水、用水定额、节水器具管理,加大对节水设施不落实、节水措施执行不到位等行为的处罚力度,杜绝非法取水。对破坏节水设施、违反节水有关规定、扰乱用水秩序等行为依法予以处理。

强化舆论监督,引导社会参与。广泛深入开展基本水情宣传教育,强化社会舆论监督,进一步增强全社会水忧患意识和水资源保护意识。大力推进水资源管理科学决策和民主决策,完善公众参与机制,进一步提高决策透明度。制定节水型社会建设激励政策,鼓励机关、企事业单位、社会团体和广大群众,尤其是城镇居民开展节水设施建设、技术创新和节水宣传,营造良好的社会氛围。

三、取得的成效

通过一系列节水措施的落实,环翠区节水型社会建设取得了明显的成效。

一是用水效率与用水总量控制方面。环翠区2019年万元GDP用水量比2015年下降17.4%,万元工业增加值用水量比2015年下降12.9%,均完成年度用水效率控制目标。2019年环翠区用水总量控制目标为5 373万m^3,实际总用水量为3 016万m^3,其中农业用水量398.9万m^3,工业用水量704.7万m^3,生活用水量为897.9万m^3,完成年度用水总量控制指标。

二是增强居民节水意识方面。全面实施阶梯水价制度,促使人们在日常生活中养成节约用水的习惯;推广使用节水型生活用水器具,节水型器具普及使用率达到100%;广泛开展节水宣传教育,让广大用水户和企业意识到节约用水的重要性和紧迫性,树立起正确的节水观念,节水宣传取得显著成效。

三是节水制度与节水工程建设方面。严格用水定额和计划用水管理,严格执行节水“三同时”制度,新(改、扩)建建设项目

节水“三同时”管理制度落实达100%；开展灌区节水改造工程，全区高效节水灌溉率达30%以上；加强城镇公共供水管网改造，全区公共供水管网漏损率控制在10%以内。

第三节　山东省县域节水型社会达标建设案例——潍坊市奎文区

一、基本情况

潍坊市奎文区地处山东半岛中部，是著名的世界风筝之都——潍坊的中心区域，行政区划总面积187.78 km^2，直辖面积57.6 km^2，常住人口47.5万人。潍坊是一个严重缺水城市，而奎文区是潍坊的中心城区，人均水资源占有量不足300 m^3，仅为全国人均占有量的1/7。近年来，奎文区委、区政府高度重视节水工作，认真学习习近平新时代中国特色社会主义的一系列治水思想，深入推进新旧动能转换，积极推动高质量发展，大力实施潍坊市委“一二三四五战略”，以“南强、中优、北兴”为目标，积极构建“一体两翼、全域并进”的城市发展格局，打造全域城市化、产业高端化、治理系统化、管理精细化的中心城区。在水资源配置上，按照“以水定城、以水定地、以水定人、以水定产”的原则，建立资源环境承载能力监测预警机制，严格管控用水总量，加大节水和非常规水源利用力度，优化调整产业结构，切实将各类开发活动限制在资源环境承载能力之内，强化水资源保护和入河排污的监管。坚持“节水优先、空间均衡、系统治理、两手发力”的治水思路，把节约用水工作贯穿经济社会发展和生态文明建设全过程，全面推进县域节水型社会建设。2022年12月29日，水利部公布了全国第五批“节水型社会建设达标县(区)”名单，山东省共25个县(区)达到了节水型社会评价标准,奎文区成功入选,成为全国节水型社会建设达标县(区)。

二、奎文区节水型社会达标建设实施方案

(一)指导思想

以习近平新时代中国特色社会主义思想为指导,全面贯彻党的十九大和十九届二中、三中、四中、五中全会精神,牢固树立"创新、协调、绿色、开放、共享"的新发展理念,按照"以水定城、以水定地、以水定人、以水定产"的原则,坚持"节水优先、空间均衡、系统治理、两手发力"的治水思路,提升全社会节水意识,促进高效节水技术推广和应用,构建节水型生产方式和消费模式,控制水资源消耗强度,全面推进节水型社会建设,把节约用水贯穿于经济社会发展和生态文明建设全过程,为推动全区高质量发展提供坚实的水资源保障。

(二)基本原则

坚持双控与双促相结合。实施水资源消耗总量和强度"双控制",促进经济发展方式转变和用水方式转变,形成有利于经济社会可持续发展的节水模式和消费模式。

坚持制度创新与科技引领相结合。加强节水制度建设,形成促进高效用水的制度体系。以科技创新为动力,推动各行业节水,建立全社会水资源循环利用体系。

坚持政府指导与公众参与相结合。加强政府对节水的引导和规制作用,落实目标责任,持续创新节水宣传教育方式,加强社会监督,逐步形成全社会广泛自觉参与节水型社会建设的良好风尚。

坚持统筹兼顾与稳步推进相结合。统筹考虑区域水资源条件、产业布局、用水结构和水平、体制机制等多方面因素,科学合理逐级分解节水型社会建设目标任务,积极稳妥推进县域节水

型社会达标建设。

（三）总体目标

到2021年底，全区用水总量控制在0.32亿m^3以内，万元GDP用水量较2015年下降15%，万元工业增加值用水量较2015年下降15%。电力、纺织、化工、食品等高耗水行业达到先进定额标准，重点用水行业节水型企业建成率达到50%。加强再生水循环利用基础建设，构建多元用水格局，全区再生水利用率达到25%以上。实施生活节水改造，禁止生产、销售并限期淘汰不符合节水标准的产品、设备。加快公共供水管网一户一表改造建设，全区公共供水管网漏损率降至10%。公共机构节水型单位建成率达到50%，节水型居民小区建成率达到20%。

到2023年，确保完成省、市下达奎文区的用水总量、万元GDP用水量、万元工业增加值用水量指标任务，节水型生产以及生活方式全面建立，非常规水利用占比进一步增大，用水效率和效益显著提高，全社会节水意识明显增强，水资源节约和循环利用达到国内领先水平，形成水资源利用与发展规模、产业结构和空间布局等协调发展的新格局。

（四）主要任务

1.全面推进各行业节水

工业节水方面。重点开展纺织印染、化工、食品加工等高耗水行业节水技术改造，大力推广工业水循环利用，将用水效率作为产业结构调整的重要依据，推进节水型企业和园区建设。探索建立用水超定额产能的淘汰制度，倒逼企业提高节水能力；落实淘汰落后产能工作要求，从严控制产能严重过剩行业取水。

城镇生活节水方面。民用、工业、建筑业生活给水要按照《民用建筑节水设计标准》（GB 50555—2010）进行节水设计，用水器具符合《节水型生活用水器具》（CJ/T 164—2014），对配套的节水设施建设工程，未经水利、住建等部门验收合格不得投入使用，对现有使用的非节水型用水器具，制订更新改造计划。

非常规水源利用方面。加快再生水利用工程建设，逐步在工业、城镇绿化、市政环卫、建筑施工等行业以及公共建筑生活杂用等领域扩大使用再生水；推广雨水集蓄利用，通过海绵城市建设，推广生态环境雨水利用，建设雨水利用生态小区。

2. 深入落实各项节水制度

积极落实节水制度文件，将再生水和城市雨洪资源等非常规水资源纳入水资源统一配置，加快推进非常规水资源开发利用。完善工业、服务业和城镇生活行业用水定额标准体系，建立先进用水定额体系并实行动态修订。把用水定额作为水资源论证、取水许可审批、用水计划下达、节水型企业考核的重要依据，健全节水标准体系。实施节水设施“三同时”管理，开展高耗水行业节水诊断、水平衡测试、用水效率评估，严格用水定额和计划用水管理，强化行业和产品用水强度控制。深入推进水价改革，建立健全水价形成机制，严格执行非居民用水超定额、超计划累进加价和特殊行业用水水价政策，全面落实居民用水阶梯水价政策。

3. 积极推行节水新机制

结合新旧动能转换，以推进水资源供给侧结构性改革为主线，坚持增量崛起与存量变革并举，积极创新节水管理机制，逐步提升节水管理水平。切实落实最严格水资源管理制度，强化水资源承载能力刚性约束，全面推进各行业节水，促进经济发展方式和用水方式转变。

在水权交易和水流产权确权方面，加快水权确权登记工作，细化确权至具体用水户；积极培育水市场，逐步建立水权交易一级和二级市场，力争实现新增用水通过水权转让解决，发挥市场

在水资源配置中的决定性作用。在水资源承载能力监测预警方面，积极开展全区水资源承载能力建设，建立预警体系，发布预警信息。在水效领跑者工作方面，积极做好用水企业水效领跑者推荐、遴选工作，组织开展领跑者引领行动，研究建立激励政策，切实发挥领跑者示范作用。在合同节水管理方面，积极借鉴已有经验，在高耗水工业、公共机构等领域开展示范建设。在水效标识方面，对主要用水产品实施水效标识管理，加强部门联动，加快节水产品推广普及，严格市场监督，推动标识实施。

4. 强化科技创新引领

大力推进综合节水、非常规水源开发利用、水资源信息监测、水资源用水计量在线监测等关键技术攻关，加快研发水资源高效利用成套技术设备并进行应用示范，建设节水型社会创新示范区。建设节水技术推广服务平台，加强先进实用技术示范和应用，支持节水产品设备制造企业做大做强，尽快形成一批实用高效、有应用前景的科技成果。鼓励非常规水利用技术创新与科学研究，组织开展规划配置、安全利用、风险评估和控制研究，积极引导非常规水利用、监控等领域的科技创新，加快成果推广应用，提高治理能力和水平。积极开展节水技术、产品评估及推荐服务，鼓励形成节水产业技术创新联盟。

5. 广泛开展宣传教育

创新节水宣传方式，充分利用各类媒体，结合“世界水日”“中国水周”“全国城市节水宣传周”等活动，积极开展节水宣传，深入宣传节水型社会建设成果及典型案例，营造全民参与节水的社会氛围。强化节水护水的舆论导向，因地制宜开展节水教育社会实践活动。

6. 创新政策支持方式

积极筹措资金，落实相关优惠政策，完善节水技术、节水设备、计量监控等基础设施建设,结合节水技术发展、互联网技术和大数据应用等,发展具有地方、行业特色的合同节水管理新模式。依法落实环境保护、节能节水、资源综合利用等方面税收优惠政策。增加政府投入,鼓励节能减排先进企业、工业集聚区用水效率、排污强度等达到更高标准。

(五)保障措施

1. 建立高效工作机制

健全工作机构,成立节水型社会建设工作专班,加强对节水工作的组织领导和指导协调,定期召开会议,明确各部门责任和分工,确保责任到位、措施到位、投入到位,协调指导和推动建设节水型社会建设工作深入开展。

2. 加大资金投入保障力度

保障创建节水型社会建设资金投入,积极争取国家和省、市对农业、工业、生活等节水技术、项目推广利用的资金支持,把节水型社会建设列入全区经济和社会发展计划,让全社会共同参与节水、护水、惜水行动。

3. 建立节水型社会建设目标责任制

各行业主管部门用量化指标衡量用水效果,将主要约束性指标落实到相关单位(企业),将节水型社会建设纳入经济社会发展综合评价和绩效考核体系,落实落细节水工作责任,做到有人追责、有人问责。

4. 建立奖优罚劣机制

对在节水工作中有突出贡献的个人和集体予以奖励,对节水工作敷衍塞责、推诿扯皮、造成不利的集体和个人按相关法律法规进行处罚。

三、取得的成效

(一)用水总量有效控制,用水效率明显提升

奎文区高度重视县域节水型社会达标建设工作,严格贯彻落实水资源管理制度。2020 年奎文区总用水量 0.808 7 亿 m^3,万元 GDP 用水量、万元工业增加值用水量为 9.31 m^3 和 9.74 m^3,分别比 2015 年下降 33.31%和 38.43%,重要水功能区达标率达到 100%。水资源消耗总量和强度双控行动确定的控制指标全部达到年度目标要求,实现水资源的集约高效利用。

(二)节水制度有效健全,工程覆盖面扩大

奎文区深入落实用水定额、计划用水、节水“三同时”等节水管理制度,实施了居民阶梯水价、非居民超计划超定额累进加价、水资源费征缴等资源有偿使用制度,构建起了较为完善的节水管理制度体系。节水工程方面,截至 2020 年底,奎文区工业用水计量率 100%,节水型企业建成率 60%,公共机构节水型单位建成率 57%,节水型居民小区建成率 21%,供水管网漏损率降至 10%以内,居民家庭节水型用水器具普及率达到 100%。

(三)强化节水宣传,社会节水意识明显提升

奎文区始终把节水宣传作为节水工作的重中之重,充分利用潍坊日报、潍坊电视台、奎文新闻媒体等主流媒体宣传各种节水内容,持续开展“世界水日”“中国水周”宣传活动,开展节水宣传进机关、进学校、进社区、进企业等活动。近年来,累计有 145 个(次)单位参与节水宣传,在城区节水意识民意调查中,节约用水知晓率达到 98.5%。节水已然成为奎文区人民的生活方式和行为习惯。

节水型社会是进步文明的象征,节水型社会建设是一项系统工程。下一步,奎文区将以创建节水型社会为契机,积极推进

城市水资源集约利用,引领带动服务业和城镇生活用水,对各类非常规水源,充分利用并纳入区域水资源统一配量,实现优水优用、分质供水、循环利用,从根本上解决水资源匮乏的问题。进一步完善节水与个人参与机制,更广泛、更深入地开展水情和节水教育等一系列措施,增强全社会忧患意识和水资源节约保护意识,让全社会来关心水、节约水、爱护水,让节水理念深入人心,使节水行动更加自觉,促进节水成效遍布奎文,实现水资源的可持续利用,为奎文区经济和社会的健康发展提供有力支撑和保障。

第六章　用水定额管理

第一节　用水定额管理政策背景

用水定额是在一定生产技术和管理条件下,生产单位产品或创造单位产值或提供单位服务所规定的合理取水量标准,是衡量用水水平、挖掘节水潜力、考核节水成效的科学依据。实施用水定额管理是水行政主管部门落实最严格水资源管理制度、提高水资源利用效率、促进节水型社会建设的一项基础性工作。

2002 年颁布的《中华人民共和国水法》第四十七条规定,国家对用水实行总量控制和定额管理相结合的制度。

2002 年,水利部印发《关于实施农村饮水解困工程的意见》(水农〔2001〕353 号),提出要按照有利于促进节约用水的原则,科学合理地确定人均用水定额,超定额用水时,实行水价累进加价办法。

2002 年,《工业企业产品取水定额编制通则》(GB/T 18820—2002)发布,首次提出了以取水量作为定额考核指标,为用水定额管理工作明确了方向。

2003 年,水利部印发《关于印发加强村镇供水工程管理意见的通知》(水农〔2003〕503 号),提出积极推广和使用节水技术、产品和设备,实行计划用水和节约用水,缺水地区要实行用水定额管理。

2006 年,《取水许可和水资源费征收管理条例》(中华人民共和国国务院令第 460 号)公布,明确要求按照行业用水定额核定的用水量是取水许可量审批的主要依据,正式确立了用水定额的法律地位。

2008 年,《取水许可管理办法》(中华人民共和国水利部令第 34 号)公布,明确要求取水审批机关所核定的取水量不得超过按照行业用水定额核定的取水量。

2011 年,中央一号文件《中共中央 国务院关于加快水利改革发展的决定》(中发〔2011〕1 号)发布,提出建立用水效率控制制度,确立用水效率控制红线,坚决遏制用水浪费,把节水工作贯穿于经济社会发展和群众生产生活全过程。加快制定区域、行业和用水产品的用水效率指标体系,加强用水定额和计划管理。

2012 年,国务院三号文件《国务院关于实行最严格水资源管理制度的意见》(国发〔2012〕3 号),要求强化用水定额管理。加快制定高耗水工业和服务业用水定额国家标准。各省、自治区、直辖市人民政府要根据用水效率控制红线确定的目标,及时组织修订本行政区域内各行业用水定额。

2012 年,工业和信息化部、水利部、全国节约用水办公室印发《关于深入推进节水型企业建设工作的通知》(工信部联节〔2012〕431 号),要求加强定额管理,向先进水平对标达标。严格执行国家和地方取(用)水定额指标和标准,按照定额指标选择适合的用水工艺和技术,实施企业内部节水评价。

2013 年,水利部印发《关于严格用水定额管理的通知》(水资源〔2013〕268 号),要求全面编制各行业用水定额,切实规范用水定额发布和修订,进一步加强用水定额监督管理。

2014 年,《南水北调工程供用水管理条例(2014 年)》(中华人民共和国国务院令第 647 号),要求南水北调工程受水区县级以上地方人民政府应当对本行政区域的年度用水实行总量控制,加强用水定额管理,推广节水技术、设备和设施,提高用水效率和效益。

2014年,水利部印发《水利部办公厅关于加强灌溉用水定额管理的指导意见》(办农水〔2014〕205号),要求加强灌溉用水定额管理,及时修订完善用水定额,强化灌溉用水定额运用,促进节水灌溉发展。

2015年,水利部印发《水利部办公厅关于做好用水定额评估工作的通知》(办资源函〔2015〕820号),要求各流域机构要按照《用水定额评估技术要求》,对负责的省级行政区用水定额进行全面评估,分析用水定额的覆盖性、合理性、实用性和先进性,并编制用水定额评估报告。

2015年,国务院发布《国务院关于印发水污染防治行动计划的通知》(国发〔2015〕17号),提出抓好工业节水。制定国家鼓励和淘汰的用水技术、工艺、产品和设备目录,完善高耗水行业取用水定额标准。开展节水诊断、水平衡测试、用水效率评估,严格用水定额管理。到2020年,电力、钢铁、纺织、造纸、石油石化、化工、食品发酵等高耗水行业达到先进定额标准。

2016年,水利部印发《水利部关于加强重点监控用水单位监督管理工作的通知》(水资源〔2016〕1号),提出加强用水定额和计划管理,按照先进用水定额标准核定用水计划,定期检查用水计划执行情况,对超定额超计划的用水单位实施水平衡测试,严格落实超定额超计划用水累进加价制度。

2016年,《水利部印发国家发展改革委关于〈"十三五"水资源消耗总量和强度双控行动方案〉的通知》(水资源〔2016〕379号),要求到2020年,建立覆盖主要农作物、工业产品和生活服务行业的先进用水定额体系,定额实行动态修订,严格用水定额和计划管理,强化行业和产品用水强度控制。

2016年,国务院印发《国务院办公厅关于推进农业水价综合改革的意见》(国办发〔2016〕2 号),要求以完善农田水利工程体系为基础,以健全农业水价形成机制为核心,以创新体制机制为动力,逐步建立农业灌溉用水量控制和定额管理制度,提高农业用水效率,促进实现农业现代化。

2017 年,国务院印发《国务院关于印发全国国土规划纲要(2016—2030 年)的通知》(国发〔2017〕3 号),提出建立健全有利于节约用水的体制机制,稳步推进水价改革,强化用水定额管理,加快制定高耗水工业和服务业用水定额国家标准。对水资源短缺地区实行更严格的产业准入、取用水定额控制。

2017 年,《中共中央、国务院关于深入推进农业供给侧结构性改革 加快培育农业农村发展新动能的若干意见》(中发〔2017〕1 号)发布,要求全面推行用水定额管理,开展县域节水型社会建设达标考核。

2017 年,水利部印发《水利部办公厅关于严格水资源管理促进供给侧结构性改革的通知》(办资源〔2017〕76 号),要求各省级水行政主管部门及时制修订行业用水定额标准,严格过剩产能和落后产能行业企业的取用水总量控制和定额管理,按照定额核定年度取用水计划,对超计划或超定额取水的,实行累进征收水资源费。

2018 年,国家发展和改革委员会财政部、水利部、农业农村部《关于加大力度推进农业水价综合改革工作的通知》(发改价格〔2018〕916 号)发布,提出根据本地水资源禀赋,合理制定和适时修订农业用水定额,缺水和地下水超采地区要从紧核定用水定额,引导农民科学灌溉。

2019 年,水利部、财政部、国家发展和改革委员会、农业农村部联合印发《华北地区地下水超采综合治理行动方案》(水规计〔2019〕33 号),提出推进农业节水增效,科学合理确定灌溉定额。加快工业节水减排,对超过取用水定额标准的企业,限期实施节水改造。加强城镇节水降损,从严制订洗浴中心、洗车场、高尔夫球场、人工滑雪场、洗涤、宾馆等行业用水定额。严格用水定额管理,对节水不达标的工业企业、城镇用水户、灌区,大力推行节水。

2019年,《国家发展改革委、水利部关于印发〈国家节水行动方案〉的通知》(发改环资规〔2019〕695号),明确提出强化节水约束性指标管理,加快落实主要领域用水指标。到2020年,建立覆盖主要农作物、工业产品和生活服务业的先进用水定额体系。

2020年,水利部印发《水利部关于公布国家级重点监控用水单位名录的通知》(水节约〔2020〕154号),要求地方各级水行政主管部门要对重点监控用水单位严格实行计划用水管理,使用用水定额核定用水计划,发挥用水定额的刚性约束和引导作用。

2021年,水利部印发《关于做好用水定额监督检查发现问题整改工作的通知》(办节约函〔2021〕80号),要求各有关省、自治区、直辖市水利(水务)厅(局),新疆生产建设兵团水利局对照2020年度用水定额监督检查工作问题清单,研究制订整改方案,提出整改措施。

2021年,国务院发布《地下水管理条例(2021年)》(中华人民共和国国务院令第748号),明确指出取用地下水的单位和个人应当遵守取水总量控制和定额管理要求,使用先进节约用水技术、工艺和设备,采取循环用水、综合利用及废水处理回用等措施,实施技术改造,降低用水消耗。

2021年,水利部印发《水利部关于建立健全节水制度政策的指导意见》(水资管〔2021〕390号),提出建立健全节水指标与标准。推动制定高耗水工业和服务业用水定额强制性国家标准,新建、改建、扩建建设项目不符合强制性用水定额的,不得批准取水许可;已建建设项目用水不符合强制性用水定额的,督促实施节水改造。强化用水定额管理,加强用水定额在取水许可、计划用水等领域的执行。

2021年,国家发展和改革委员会发布《关于印发黄河流域水资源节约集约利用实施方案的通知》(发改环资〔2021〕1767号),提出健全黄河流域节水法律法规,完善节水标准体系,严格执行高耗水用水定额和用水产品水效标准,推进节水认证。

2022年,住建部、国家发展改革委、水利部、工信部四部门办公厅联合印发《关于加强城市节水工作的指导意见》(建办城〔2021〕51号),提出加强用水定额管理。强化计划用水与定额管理制度实施,省级有关行业主管部门应当按职责研究制定和完善相关行业用水定额,报同级水行政主管部门和质量监督检验行政主管部门审核同意后,由省级人民政府公布。

2022年,《水利部、教育部、国管局关于印发〈黄河流域高校节水专项行动方案〉的通知》(水节约〔2022〕108号)发布,要求到2025年底,黄河流域高校用水全部达到定额要求,全面建成节水型高校,打造一批具有典型示范意义的水效领跑者。

2022年,《水利部办公厅关于加强农业用水管理大力推进节水灌溉的通知》(办农水函〔2022〕456号)发布,提出灌区管理单位要细化用水计划,严格总量控制和定额管理,加强灌溉用水调度。

第二节 用水定额发展历程

我国用水定额标准的发展过程可分为三个阶段,即探索发展阶段(20世纪80年代初至90年代末)、快速发展阶段(21世纪初至2010年底)、全面发展阶段(2010年至今)。

一、探索发展阶段(20世纪80年代初至90年代末)

1984年,由城乡建设环境保护部、国家经济委员会联合发布的《工业用水定额(试行)》,对冶金工业、煤炭工业、石油工业、化学工业、纺织工业、轻工业、电力工业、铁道、邮电、建材工业、医药、林业、商业、农牧渔业等14个行业的近30个子类、约500个品种给出了参考用水范围。该试用定额主要作为城市规划和新建、改建工业项目初步设计的依据。

1986年,为适应工业发展的需要,以增补个别产品用水量定额的方式对试行定额进行了修订,并且仍是"试行"。该试行定额适用范围为"主要作为城市规划和新建,扩建工业项目初步设计的依据,也是考核工矿企业用水量的标准"。该定额标准对促进当时社会工业企业用水和节水起到了一定的作用。

1999年,水利部下发《关于加强用水定额编制和管理的通知》(水资源〔1999〕519号),首次在全国范围内系统全面地部署开展各行业用水定额编制和管理工作。

二、快速发展阶段(21世纪初至2010年底)

2001年11月,国家经济贸易委员会资源节约与综合利用司组织开展工业取水定额的编制工作,提出一项编制工业取水定额的通则性、基础性标准,用于规范统一标准的术语、指标的计算方法、编制原则、基本程序,同时提出制定火电、钢铁、炼油、纺织、造纸5个高用水行业的取水定额国家标准。经国家标准化委员会批准,被列入2001年国家标准制定、修订计划,由全国能源基础与管理标准化技术委员会(CSBTS/TC 20)归口。

2002年8月,国家质量监督检验检疫总局发布国家标准《工业企业产品取水定额编制通则》(GB/T 18820—2002)。该标准规范了工业企业产品取水定额的术语和定义、计算方法、编制原则和制定程序,首次提出以取水量作为定额考核标准,填补了工业节水基础性国家标准的空白,为工业取水定额国家标准体系的建立打下了良好的基础。

为使有关人员掌握该标准的实质和技术细节，提高执行标准的自觉性和准确性，2003 年 7 月，国家发展和改革委员会环境和资源综合利用司组织编写了《工业企业取水定额国家标准实施指南(一)》。

在《工业企业产品取水定额编制通则》(GB/T 18820—2002)的统一规范下，2000—2010 年，取水定额国家标准共发布了 10 项，覆盖火力发电、钢铁、石油炼制、纺织、造纸、酒精制造、合成氨、味精制造、医药产品等高用水行业。同时，全国各地全面开展用水定额编制工作实践，北京、天津、山东等 30 个省(市)发布了用水定额标准，有效地促进了水资源管理和节水型社会建设工作开展。

三、全面发展阶段(2011 年至今)

自 2011 年起，我国用水定额进入全面发展阶段。截至 2019 年底，国家和省级共编制修订用水定额 4 920 项，发布实施 330 项。其中，水利部共组织编制修订用水定额 47 项，发布实施 28 项。宾馆、机关、学校 3 项服务业用水定额属首次在全国范围对服务业领域用水进行严格约束，小麦灌溉用水定额是国家层面第一个农业用水定额。

为加快推动节水标准定额体系建设，全国节约用水办公室组织制定节水标准定额三年(2019—2021 年)推进计划。按照三年推进计划，水利部多措并举，大力推动节水定额标准体系建设。结合省级用水定额修订周期，对有关省级用水定额进行评估，并提出评估意见，指导各地编制修订省级用水定额。

水利部自 2019 年以来陆续发布 105 项用水定额，其中农业 14 项、工业 70 项、建筑业 3 项和服务业 18 项，我国基本建立了全面系统的用水定额体系。其中,14 项农业定额覆盖 88%以上粮食和 85%以上油料作物播种面积,包含水稻、小麦、玉米、棉花、油菜、马铃薯、苹果、柑橘等主要粮食和经济作物;70 项工业用水定额对用水效率提出了更高要求,涉及的行业用水量占工业总体的 80%以上,包括火力发电、钢铁、纺织、造纸、石油炼制、味精、罐头食品、酵母制造等。随着城镇化的推进,建筑用水受到社会的广泛关注,水利部发布住宅房屋建设、体育场馆建设和建筑装饰等 3 项建筑业用水定额,逐步推动建筑领域的节约用水工作。此外,服务业用水定额重点关注重要的城镇生活用水户和高耗水服务行业,包括机关、学校、医院、洗浴中心、洗车场、高尔夫球场、室外人工滑雪场等,涉及行业的用水量占我国服务业用水总量的 90%以上。

今后,水利部将通过用水定额评估工作不断完善定额指标,持续提高用水定额制修订的质量和时效,完善节水标准定额体系,为新阶段水利高质量发展提供基础支撑。

取水定额国家标准见表 6. 2-1,用水定额地方标准见表 6. 2-2,水利部印发用水定额见表 6. 2-3。

表 6. 2-1　取水定额国家标准

序号	标准名称	实施日期
1	《取水定额 第 1 部分:火力发电》(GB/T 18916. 1—2021)	2021-12-01
2	《取水定额 第 2 部分:钢铁联合企业》(GB/T 18916. 2—2022)	2022-11-01
3	《取水定额 第 3 部分:石油炼制》(GB/T 18916. 3—2022)	2023-04-01
4	《取水定额 第 4 部分:纺织染整产品》(GB/T18916. 4—2022)	2022-11-01
5	《取水定额 第 5 部分:造纸产品》(GB/T18916. 5—2022)	2023-04-01
6	《取水定额 第 6 部分:啤酒》(GB/T 18916. 6—2023)	2023-09-01
7	《取水定额 第 7 部分:酒精》(GB/T 18916. 7—2023)	2023-09-01
8	《取水定额 第 8 部分:合成氨》(GB/T 18916. 8—2017)	2017-12-01
9	《取水定额 第 9 部分:谷氨酸钠(味精)》(GB/T 18916. 9—2022)	2022-11-01

续表 6.2-1

序号	标准名称	实施日期
10	《取水定额 第 10 部分:化学制药产品》(GB/T 18916.10—2021)	2022-07-01
11	《取水定额 第 11 部分:选煤》(GB/T 18916.11—2021)	2022-07-01
12	《取水定额 第 12 部分:氧化铝》(GB/T 18916.12—2023)	2023-09-01
13	《取水定额 第 13 部分:乙烯生产》(GB/T 18916.13—2012)	2013-01-01
14	《取水定额 第 14 部分:毛纺织产品》(GB/T 18916.14—2014)	2014-10-01
15	《取水定额 第 15 部分:白酒制造》(GB/T 18916.15—2014)	2015-02-01
16	《取水定额 第 16 部分:电解铝》(GB/T 18916.16—2023)	2023-09-01
17	《取水定额 第 17 部分:堆积型铝土矿生产》(GB/T 18916.17—2016)	2017-05-01
18	《取水定额 第 18 部分:铜冶炼生产》(GB/T 18916.18—2015)	2016-05-01
19	《取水定额 第 19 部分:铅冶炼生产》(GB/T 18916.19—2015)	2016-05-01
20	《取水定额 第 20 部分:化纤长丝织造产品》(GB/T 18916.20—2016)	2017-05-01
21	《取水定额 第 21 部分:真丝绸产品》(GB/T 18916.21—2016)	2017-05-01
22	《取水定额 第 22 部分:淀粉糖制造》(GB/T 18916.22—2016)	2017-05-01
23	《取水定额 第 23 部分:柠檬酸制造》(GB/T 18916.23—2015)	2016-05-01
24	《取水定额 第 24 部分:麻纺织产品》(GB/T 18916.24—2016)	2017-07-01
25	《取水定额 第 25 部分:粘胶纤维产品》(GB/T 18916.25—2016)	2017-07-01
26	《取水定额 第 26 部分:纯碱》(GB/T 18916.26—2017)	2017-12-01
27	《取水定额 第 27 部分:尿素》(GB/T 18916.27—2017)	2017-12-01
28	《取水定额 第 28 部分:工业硫酸》(GB/T 18916.28—2017)	2017-12-01
29	《取水定额 第 29 部分:烧碱》(GB/T 18916.29—2017)	2017-12-01
30	《取水定额 第 30 部分:炼焦》(GB/T 18916.30—2017)	2018-05-01
31	《取水定额 第 31 部分:钢铁行业烧结/球团》(GB/T 18916.31—2017)	2018-05-01
32	《取水定额 第 32 部分:铁矿选矿》(GB/T 18916.32—2017)	2018-04-01
33	《取水定额 第 33 部分:煤间接液化》(GB/T 18916.33—2018)	2018-12-01

续表 6.2-1

序号	标准名称	实施日期
34	《取水定额 第 34 部分:煤炭直接液化》(GB/T 18916.34—2018)	2018-12-01
35	《取水定额 第 35 部分:煤制甲醇》(GB/T 18916.35—2018)	2018-12-01
36	《取水定额 第 36 部分:煤制乙二醇》(GB/T 18916.36—2018)	2018-12-01
37	《取水定额 第 37 部分:湿法磷酸》(GB/T 18916.37—2018)	2018-12-01
38	《取水定额 第 38 部分:聚氯乙烯》(GB/T 18916.38—2018)	2018-12-01
39	《取水定额 第 39 部分:煤制合成天然气》(GB/T 18916.39—2019)	2019-10-01
40	《取水定额 第 40 部分:船舶制造》(GB/T 18916.40—2018)	2019-04-01
41	《取水定额 第 41 部分:酵母制造》(GB/T 18916.41—2019)	2019-07-01
42	《取水定额 第 42 部分:黄酒制造》(GB/T 18916.42—2019)	2019-10-01
43	《取水定额 第 43 部分:离子型稀土矿冶炼分离生产》(GB/T 18916.43—2019)	2020-02-01
44	《取水定额 第 44 部分:氨纶产品》(GB/T 18916.44—2019)	2019-12-01
45	《取水定额 第 45 部分:再生涤纶产品》(GB/T 18916.45—2019)	2019-12-01
46	《取水定额 第 46 部分:核电》(GB/T 18916.46—2019)	2020-02-01
47	《取水定额 第 47 部分:多晶硅生产》(GB/T 18916.47—2020)	2020-10-01
48	《取水定额 第 48 部分:维纶产品》(GB/T 18916.48—2020)	2020-10-01
49	《取水定额 第 49 部分:锦纶产品》(GB/T 18916.49—2020)	2020-10-01
50	《取水定额 第 50 部分:聚酯涤纶产品》(GB/T 18916.50—2020)	2020-10-01
51	《取水定额 第 51 部分:对二甲苯》(GB/T 18916.51—2020)	2021-06-01
52	《取水定额 第 52 部分:精对苯二甲酸》(GB/T 18916.52—2020)	2021-06-01
53	《取水定额 第 53 部分:食糖》(GB/T 18916.53—2021)	2021-12-01
54	《取水定额 第 54 部分:罐头食品》(GB/T 18916.54—2021)	2021-12-01
55	《取水定额 第 55 部分:皮革》(GB/T 18916.55—2021)	2022-03-01
56	《取水定额 第 56 部分:毛皮》(GB/T 18916.56—2021)	2021-12-01
57	《取水定额 第 57 部分:乳制品》(GB/T 18916.57—2021)	2022-07-01

续表 6.2-1

序号	标准名称	实施日期
58	《取水定额 第 58 部分:钛白粉》(GB/T 18916.58—2021)	2022-07-01
59	《到取水定额 第 59 部分:醋酸乙烯》(GB/T 18916.59—2021)	2022-07-01
60	《取水定额 第 60 部分:有机硅》(GB/T 18916.60—2021)	2022-07-01
61	《取水定额 第 61 部分:赖氨酸盐》(GB/T 18916.61—2022)	2023-04-01
62	《取水定额 第 62 部分:水泥》(GB/T 18916.62—2022)	2022-10-12
63	《取水定额 第 63 部分:平板玻璃》(GB/T 18916.63—2022)	2022-10-12
64	《取水定额 第 64 部分:建筑卫生陶瓷》(GB/T 18916.64—2022)	2023-04-01

表 6.2-2 用水定额地方标准

序号	标准名称	实施日期
1	海南省用水定额(DB46/T 449—2021)	2022-01-15
2	青海省用水定额(DB63/T 1429—2021)	2021-06-20
3	广东省用水定额 第 1 部分:农业(DB44/T 1461.1—2021) 广东省用水定额 第 2 部分:工业(DB44/T1461.2—2021)	2021-06-06
4	黑龙江省用水定额(DB23/T 727—2021)	2021-02-24
5	四川省用水定额(川府函〔2021〕8 号)	2021-01-11
6	内蒙古自治区行业用水定额(DB15/T 385—2020)	2021-01-24
7	辽宁省行业用水定额(DB21/T 1237—2020)	2020-12-30
8	河北省工业取水定额(DB13/T 5448.1—2021—DB13/T 5448.14—2021) 河北省农业用水定额(DB13/T 5449.1—2021—DB13/T 5449.2—2021) 河北省生活与服务业用水定额(DB13/T 5450.1—2021—DB13/T 5450.3—2021)	2022-01-13

续表 6.2-2

序号	标准名称	实施日期
9	河南省农业与农村生活用水定额(DB41/T 958—2020) 河南省工业与城镇生活用水定额(DB41/T 385—2020)	2020-12-02
10	宁夏回族自治区有关行业用水定额(宁政办规发〔2020〕20号)	2020-10-24
11	陕西省行业用水定额(DB61/T 943—2020)	2020-09-12
12	江苏省灌溉用水定额(DB32/T 3817—2020) 江苏省林牧渔业、工业、服务业和生活用水定额(2019年修订)(苏水节〔2020〕5号)	2020-08-14 2020-06-01
13	贵州省用水定额(DB52/T 725—2019)	2020-06-01
14	浙江省用(取)水定额(2019年)(浙水资〔2020〕8号) 浙江省农业用水定额(DB33/T 769—2022)	2020-06-01 2022-09-19
15	山西省用水定额 第1部分:农业用水定额(DB14/T 1049.1—2020) 山西省用水定额 第2部分:工业用水定额(DB14/T 1049.2—2021)	2020-05-28 2021-04-12
16	湖南省用水定额(DB43/T 388—2020)	2020-05-27
17	湖北省农业用水定额 第1部分:农田灌溉用水定额(DB42/T 1528.1—2019) 湖北省工业行业用水定额(DB42/T 1921.1—2022—DB42/T 1921.5—2022)	2020-03-02 2022-10-31
18	广西壮族自治区农林牧渔业及农村居民生活用水定额(DB45/T 804—2019) 广西壮族自治区工业行业主要产品用水定额(DB45/T 678—2017) 广西壮族自治区城镇生活用水定额(DB45/T 679—2017)	2020-01-30 2018-01-30 2018-01-30

续表 6.2-2

序号	标准名称	实施日期
19	吉林省用水定额(DB22/T 389—2019)	2020-02-01
20	安徽省行业用水定额(DB34/T 679—2019)	2020-01-25
21	山东省农业用水定额(DB37/T 3772—2019) 山东省农村居民生活用水定额(DB37/T 3773—2019) 山东省重点工业产品用水定额(DB37/T 1639.1—2021—DB37/T 1639.24—2021)	2020-01-18 2020-01-18 2022-01-27
22	云南省用水定额(2019 年修订版)(经云水发〔2019〕122 号)	2020-01-01
23	上海市用水定额(试行)(2019 年修订版)(沪水务〔2019〕1408 号) 2022 年上海市用水定额(第一批)(沪水务〔2022〕739 号)	2019-12-31 2023-09-16
24	天津市工业用水定额、天津市建筑业和生活服务业用水定额、天津市农业用水定额(津水综〔2023〕16 号)	2023-03-30
25	福建省行业用水定额(DB35/T 772—2018)	2019-04-01
26	甘肃省行业用水定额(2023 版)(甘政发〔2023〕15 号)	2023-03-01
27	北京市农业灌溉用水定额(DB11/T 1528—2018) 北京市用水定额 第 1 部分—第 42 部分(DB11/T 1764.1—2020—DB11/T 1764.42—2020)	2018-10-01 2021-04-01
28	重庆市灌溉用水定额(2017 年修订版)(渝水〔2018〕68 号) 重庆市第二三产业用水定额(2020 年版)(渝水〔2021〕56 号)	2018-04-02 2021-08-30
29	江西省农业用水定额(DB36/T 619—2017) 江西省工业企业主要产品用水定额(DB36/T 420—2019)	2018-03-01 2020-03-01
30	西藏自治区用水定额(2019 年修订版)(藏水字〔2019〕112 号)	2020-01-20
31	新疆维吾尔自治区农业灌溉用水定额(DB65/T 3611—2014) 新疆维吾尔自治区工业和生活用水定额(新政办发〔2007〕105 号)	2014-04-19 2007-06-06

表 6.2-3 水利部印发用水定额

序号	标准名称	实施日期	文件名
1	农业灌溉用水定额:苹果	2022-03-01	《水利部关于印发苹果等两项农业灌溉用水定额的通知》(水节约〔2021〕363 号)
2	农业灌溉用水定额:柑橘	2022-03-01	
3	农业灌溉用水定额:马铃薯	2021-10-01	《水利部关于印发马铃薯等五项用水定额的通知》(水节约〔2021〕259 号)
4	农业灌溉用水定额:花生	2021-10-01	
5	农业灌溉用水定额:油菜	2021-10-01	
6	农业灌溉用水定额:甘蔗	2021-10-01	
7	建筑业用水定额:体育场馆建筑	2021-10-01	
8	服务业用水定额:综合医院	2021-06-01	《水利部关于印发综合医院等十一项服务业用水定额的通知》(水节约〔2021〕107 号)
9	服务业用水定额:洗浴场所	2021-06-01	
10	服务业用水定额:洗车场所	2021-06-01	
11	服务业用水定额:高尔夫球场	2021-06-01	
12	服务业用水定额:室外人工滑雪场	2021-06-01	
13	服务业用水定额:综合性体育场馆	2021-06-01	
14	服务业用水定额:零售	2021-06-01	
15	服务业用水定额:洗染	2021-06-01	
16	服务业用水定额:游泳场馆	2021-06-01	
17	服务业用水定额:餐饮	2021-06-01	
18	服务业用水定额:绿化管理	2021-06-01	
19	工业用水定额:造纸	2021-03-01	《水利部 工业和信息化部关于印发造纸等七项工业用水定额的通知》(水节约〔2020〕311 号)
20	工业用水定额:棉印染	2021-03-01	
21	工业用水定额:毛纺织	2021-03-01	
22	工业用水定额:乙烯	2021-03-01	
23	工业用水定额:白酒	2021-03-01	
24	工业用水定额:啤酒	2021-03-01	
25	工业用水定额:酒精	2021-03-01	

续表 6.2-3

序号	标准名称	实施日期	文件名
26	工业用水定额:水泥	2021-02-01	《水利部 工业和信息化部关于印发水泥等八项工业用水定额的通知》(水节约〔2020〕290 号)
27	工业用水定额:建筑卫生陶瓷	2021-02-01	
28	工业用水定额:平板玻璃	2021-02-01	
29	工业用水定额:预拌混凝土及水泥制品	2021-02-01	
30	工业用水定额:有机硅	2021-02-01	
31	工业用水定额:赖氨酸盐	2021-02-01	
32	工业用水定额:乳制品	2021-02-01	
33	工业用水定额:化学制药产品	2021-02-01	
34	农业灌溉用水定额:水稻	2020-12-01	《水利部关于印发水稻等七项农业灌溉用水定额的通知》(水节约〔2020〕214 号)
35	农业灌溉用水定额:玉米	2020-12-01	
36	农业灌溉用水定额:棉花	2020-12-01	
37	农业灌溉用水定额:大白菜(露地)	2020-12-01	
38	农业灌溉用水定额:黄瓜(露地、设施)	2020-12-01	
39	农业灌溉用水定额:番茄(露地、设施)	2020-12-01	
40	农业灌溉用水定额:苜蓿	2020-12-01	
41	农业灌溉用水定额:小麦	2020-03-01	《水利部关于印发小麦等十项用水定额的通知》(水节约〔2020〕9 号)
42	工业用水定额:味精	2020-03-01	
43	工业用水定额:氧化铝	2020-03-01	
44	工业用水定额:电解铝	2020-03-01	
45	工业用水定额:醋酸乙烯	2020-03-01	
46	工业用水定额:钛白粉	2020-03-01	
47	服务业用水定额:科技文化场馆	2020-03-01	
48	服务业用水定额:环境卫生管理	2020-03-01	
49	服务业用水定额:理发及美容	2020-03-01	
50	服务业用水定额:写字楼	2020-03-01	

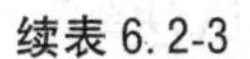
续表 6.2-3

序号	标准名称	实施日期	文件名
51	工业用水定额：钢铁	2020-02-01	《水利部关于印发钢铁等十八项工业用水定额的通知》(水节约〔2019〕373 号)
52	工业用水定额：火力发电	2020-02-01	
53	工业用水定额：石油炼制	2020-02-01	
54	工业用水定额：选煤	2020-02-01	
55	工业用水定额：罐头食品	2020-02-01	
56	工业用水定额：食糖	2020-02-01	
57	工业用水定额：毛皮	2020-02-01	
58	工业用水定额：皮革	2020-02-01	
59	工业用水定额：核电	2020-02-01	
60	工业用水定额：氨纶	2020-02-01	
61	工业用水定额：锦纶	2020-02-01	
62	工业用水定额：聚酯涤纶	2020-02-01	
63	工业用水定额：维纶	2020-02-01	
64	工业用水定额：再生涤纶	2020-02-01	
65	工业用水定额：多晶硅	2020-02-01	
66	工业用水定额：离子型稀土矿冶炼分离	2020-02-01	
67	工业用水定额：对二甲苯	2020-02-01	
68	工业用水定额：精对苯二甲酸	2020-02-01	

第三节 用水定额编制方法

一、用水定额的分析计算方法

用水定额的分析计算方法主要有回归分析法、二次平均法、倒二次平均法、典型样板法、专家咨询法、重复利用率逐年增长法、时间序列法、水平衡测试法等。

（一）回归分析法

回归分析法是数理统计中常用的一种方法，它是基于函数与各影响因素的一种数理关系而建立的。用水定额指标的回归式可表达为以下线性函数：

$$[q]=[x_0]+[C][X] \tag{6.3-1}$$

式中　$[q]$——用水定额指标矩阵；

$[x_0]$、$[X]$——影响用水量指标的因素（如气温、企业规模、企业生产技术水平、企业生产工艺状况、水资源条件等）；

$[C]$——上述因素对应的回归系数。

（二）二次平均法

二次平均法首先将统计样本求均值，再对小于均值的样本求均值，以二次均值作为同类样本的较优值，适用于先进定额的计算确定。

具体的计算步骤如下：

（1）计算样本均值：

$$\overline{V}_1=\frac{1}{n}\sum_{i=1}^{n}V_i \tag{6.3-2}$$

式中　$\overline{V}_1$——样本均值；

V_i——各企业单位产品用水量样本，$i=1,2,3,\cdots,n$。

（2）计算数列中小于平均值的各数值的平均值：

$$\overline{V}_2=\frac{1}{k}\sum_{j=1}^{k}V_j \tag{6.3-3}$$

式中　$\overline{V}_2$——二次平均值；

V_j——小于或等于 $\overline{V}_1$ 的样本值，$j=1,2,3,\cdots,k$。

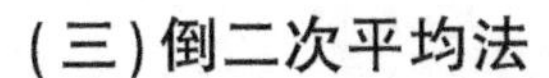

(三)倒二次平均法

倒二次平均法首先将统计样本求均值,再对大于均值的样本求均值,适用于通用定额的计算确定。

具体的计算步骤如下:

(1)计算样本均值:

$$\bar{V} = \frac{1}{n}\sum_{i=1}^{n} V_i \tag{6.3-4}$$

式中　$\bar{V}$——样本均值;

V_i——各企业单位产品用水量样本,$i=1,2,3,\cdots,n$。

(2)计算数列中大于平均值的各数值的平均值:

$$\bar{V}_{\mathrm{e}} = \frac{1}{k}\sum_{j=1}^{k} V_j \tag{6.3-5}$$

式中　$\bar{V}_{\mathrm{e}}$——二次平均值;

V_j——大于或等于 $\bar{V}$ 的样本值,$j=1,2,3,\cdots,k$。

(四)典型样板法

典型样板法属于类比法中的一种,在研究对象的影响因素比较复杂的情况下,可根据同类因素的相似性类推研究对象的变化规律。

(五)专家咨询法

对个别难以估算的用水定额指标,可以采用专家咨询法。该方法是组织业内专家独立给出建议指标,并经专家本人反复修正使多数专家的建议趋于一致,最终以较一致的建议指标作为定额指标。

(六)重复利用率逐年增长法

重复利用率逐年增长法是依据现状用水指标,将生产用水重复利用率逐年提高,从而把单位产品取水量逐年降低。该方法的优点是用水定额指标动态性强,比较适用于生产用水重复率现状水平较低的行业。

（七）时间序列法

时间序列法也是数理统计中常用的一种方法。该方法要求研究对象与时间之间具有较强的关联性，并且有较长系列的资料。在用水定额指标计算时，对积累有较长系列的用水定额资料的行业或产品宜采用此方法。

（八）水平衡测试法

水平衡测试是对用水单元和用水系统的水量进行系统的测试、统计、分析得出水量平衡关系的过程。进行水平衡测试要有较为完整的用水管网和计量体系，稳定的、有代表性的生产周期。通过水平衡测试计算企业的单位产品取水量、重复利用率、漏损率等用水指标，摸清用水单位管网状况，各单元或系统用水现状，测定出水量变化数据，掌握整个企业的用水情况，进而计算分析确定用水定额。水平衡测试按 GB/T 12452 进行。

二、用水定额确定方法

采用“适当照顾现状、有利促进节水”的可行性原则，对采集的基础数据进行分类汇总，结合现场调研的实际情况，采用一次平均法、二次平均法、倒二次平均法等方法计算单位产品用水量，同时结合典型样板法和专家咨询法确定定额值，具体步骤如下：

第一步：对近 5 年用水单位的实际用水资料进行数据合理性分析，确定有效样本的单位产品用水量，按一次平均法、二次平均法、倒二次平均法分析计算得到用水定额值。

第二步：计算得到用水定额值后，经过广泛征求意见，并综合考虑山东省水资源条件、社会经济发展水平、用水户定额通过率及定额的可操作性等因素，确定用水定额值。

根据《水利部关于严格用水定额管理的通知》(水资源〔2013〕268号),通用用水定额一般应以行业内80%以上企业达到为标准,先进用水定额一般应以行业内10%~20%以上企业达到为标准。当样本大于5个时,将各企业单位产品取水量进行排序,以70%~80%企业达到的单位产品取水量作为通用定额参照值,以20%以下企业达到的单位产品取水量作为先进定额参照值。当样本小于5个时,以倒二次平均法计算得到的单位产品取水量作为用水定额通用值,以二次平均法计算得到的单位产品取水量作为用水定额先进值。当样本企业个数少于2个且在省内同行业具有代表性时,主要根据典型企业水平衡测试分析成果,并参考专家咨询建议,以典型样板法确定用水定额。

第三步:将定额编制参照值与国家标准、行业标准、节水型企业标准及其他省(市)定额值相比较,若明显高于或低于相关标准和规范性文件的用水定额,则综合考虑山东省企业实际用水水平,按实际可行的原则确定用水定额指标。

第四节 用水定额编制案例

以《山东省重点工业产品用水定额 第14部分:橡胶和塑料制品业重点工业产品》(DB37/T 1639.14—2020)为例,介绍用水定额的编制方法。

一、工作简况

(一)任务来源

山东省是我国的经济大省,橡胶加工业是山东省的优势产业之一,其生产能力、产量多年来一直居全国省(市)之首,耗胶量占全国总耗胶量的40%,是我国的橡胶大省。山东省橡胶加工产业链相对完整,上下游延伸范围较广。塑料行业总体规模也位居全国前列,近年来,随着经济的快速发展及行业内的积极推动,山东省从原料生产、加工机械、模具制造到塑料制品加工及塑料助剂生产,已经基本形成了具有一定现代生产技术水平及生产规模的体系,成为中国重要的塑料工业生产基地之一。

2019 年规模以上工业产品中,生产橡胶轮胎外胎 37 060.8 万条、子午线轮胎外胎 31 433.3 万条、塑料制品 336.4 万 t,橡胶和塑料制品业增加值占规模以上工业比重的 2.8%。山东省是我国的主要缺水省份之一,人均水资源不足全国的 1/6。伴随着社会经济的发展,用水量逐渐增加,水资源问题成为制约经济和社会进一步发展的重要因素。

用水定额是在一定生产技术和管理条件下,生产单位产品或创造单位产值或提供单位服务所规定的合理用水量标准。实行用水定额管理制度是节约用水的一项基础性工作。为贯彻落实习近平总书记“节水优先、空间均衡、系统治理、两手发力”的治水思路,促进全省计划用水和节约用水水平的不断提高,依据《中华人民共和国水法》中“省、自治区、直辖市人民政府有关行业主管部门应当制定本行政区域内行业用水定额”的规定,按照最严格水资源管理制度的要求,综合考虑行业发展的变化趋势,结合近年来重点工业企业节水技术进步,在大量调研分析的基础上,编制《山东省重点工业产品用水定额 第 14 部分:橡胶和塑料制品业重点工业产品》。

(二)工作过程

2019 年 12 月 18 日发布的《山东省重点工业产品用水定额 第 4 部分:化学原料和化学制品制造业重点工业产品》(DB37/T 1639.4—2019)中对轮胎的用水定额进行制定。

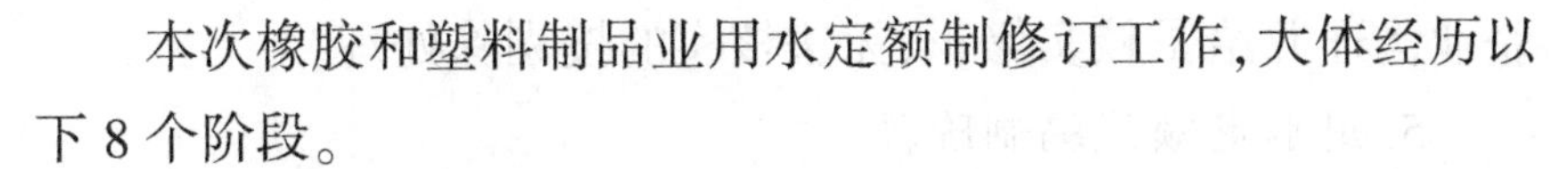

本次橡胶和塑料制品业用水定额制修订工作,大体经历以下 8 个阶段。

1. 组织部署阶段

2020 年 4 月,对 2020 年山东省重点工业产品用水定额制修订工作进行部署,研究讨论定额修编所涉及重点工业产品的种类、典型企业及典型工艺情况。

2. 资料采集阶段

2020 年 5—6 月,标准编制组对省内用水定额待制修订产品名录里的生产企业开展调研工作,摸清产业结构调整情况、企业产品的产量及在省内和全国所处的位置、生产工艺及取用水现状。向正常生产的企业全部发出调研函,发放了近 5 年工业企业用水情况调查表。

收集、研究和分析了《中华人民共和国水法》《中华人民共和国清洁生产促进法》《用水定额编制技术导则》(GB/T 32716—2016)、《工业企业产品取水定额编制通则》(GB/T 18820—2011)、《水平衡测试通则》(GB/T 12452—2022)、《国民经济行业分类》(GB/T 4754—2017)等法律法规和规范标准。

3. 典型企业调研阶段

标准编制组于 2020 年 7 月至 8 月上旬,先后赴山东省各地橡胶和塑料制品企业进行现场调研。在调研过程中,标准编制组成员积极与企业技术人员座谈,参与部分企业水平衡测试工作,力求掌握产品产量、取水水源、工艺流程、用水报表等第一手资料;同时,进入厂房车间了解相关生产工艺。

4. 资料汇总整理阶段

针对基础调查资料,标准编制组进行了分类汇总。在此过程中,将企业用水户按行业、产品、生产规模等进行分类,并对比其用水状况。对于数据明显有误的,与当地水资源管理部门和企业沟通并给予核实修正,无法核实的按剔除处理。

5. 用水定额试编制阶段

2020年9月,根据调研结果,对各企业产品进行水平衡计算,分析用水水平,并与国家标准、行业标准、节水型企业标准、山东省原定额及其他地方标准比较,向有关专家咨询,以确定定额的合理性,编制完成标准初稿。初稿完成后,经编制小组反复研讨和修改形成征求意见稿。

6. 专家咨询与征求意见阶段

在征求意见稿后,标准编制组邀请行业协会以及相关企业专家针对编制的定额进行咨询,根据行业专家提出的意见和建议进行修改完善后,于2020年10月开始广泛征求相关行业协会、企业和水行政主管部门意见。

7. 形成送审稿阶段

根据相关行业协会、企业和水行政主管部门的反馈意见修改完善后,形成《山东省重点工业产品用水定额 第14部分:橡胶和塑料制品业重点工业产品》(送审稿)。

8. 形成报批稿阶段

标准编制组针对审查专家提出的意见和建议修改后,形成《山东省重点工业产品用水定额 第14部分:橡胶和塑料制品业重点工业产品》(报批稿)。

二、编制范围

本次定额编制依据《国民经济行业分类》(GB/T 4754—2017),在广泛调研并征求相关企业、专家意见的基础上,确定本次定额制修订涉及行业分类及产品见表6.4-1。

表 6.4-1　本次定额制修订涉及行业分类及产品

代码				类别名称	待制修订产品名称
门类	大类	中类	小类		
C	2	29	2912	橡胶板、管、带制造	胶管、输送带
			2914	再生橡胶制造	再生橡胶
			2915	日用及医用橡胶制品制造	乳胶手套
			2921	塑料薄膜制造	塑料薄膜
			2922	塑料板、管、型材制造	PVC 管、PE 管
			2923	塑料丝、绳及编织品制造	编织袋、塑料绳网
			2925	塑料人造革、合成革制造	人造革

三、总体思路

(一)基本原则

1. 规范性原则

本次用水定额编制严格按照《标准化工作导则 第 1 部分：标准化文件的结构和起草规则》(GB/T 1.1—2020)的要求和规定编写，保障标准的编写质量。

2. 先进性原则

制定的用水定额与省内同行业现状水平相比具有先进性。国家或者行业已经制定相应行业或产品强制性取用水定额标准的，山东省编制的用水定额应较国家或者行业强制性用水标准严格。

3. 客观性原则

用水定额在保持先进的情况下，力求高低适中，符合客观现实，符合山东省的水资源形势，并能和本地当时的社会、经济水平相适应。

4. 可操作性原则

用水定额应与法律法规、标准规范相协调，具有可操作性，便于取水许可、水资源论证、节水评价和计划用水等节水管理。

5. 逐步完善原则

制定用水定额并形成用水定额体系，需要一个由粗到细、由浅入深，从而逐步完善的过程。随着行业用水组成和用水水平的变化，要适时调整或修订用水定额，以适应不断发展的用水变化。

（二）编制依据

1. 法律、法规

（1）《中华人民共和国水法》（根据2016年7月2日第十二届全国人民代表大会常务委员会第二十一次会议《关于修改〈中华人民共和国节约能源法〉等六部法律的决定》第二次修正）。

（2）《中华人民共和国环境保护法》（2014年4月24日第十二届全国人民代表大会常务委员会第八次会议修订）。

（3）《中华人民共和国节约能源法》（根据2018年10月26日第十三届全国人民代表大会常务委员会第六次会议《关于修改〈中华人民共和国野生动物保护法〉等十五部法律的决定》第二次修正）。

（4）《山东省水资源管理条例》（山东省第七届人民代表大会常务委员会第十三次会议通过，1989年12月）。

（5）《山东省取水许可管理办法》（山东省八届人大常委会第23次会议通过，1996年8月）。

（6）《山东省节约用水管理办法》（山东省政府160号令，

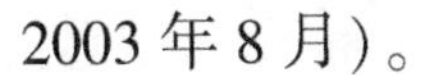

2003年8月)。

(7)《山东省实施〈中华人民共和国水法〉办法》(山东省第十届人民代表大会常务委员会第十七次会议通过,2005年11月)。

(8)《取水许可管理办法》(水利部第34号令,2008年4月)。

2. 政策性文件

(1)《中共中央 国务院关于加快水利改革发展的决定》(中发〔2011〕1号)。

(2)《国务院关于实行最严格水资源管理制度的意见》(国发〔2012〕3号)。

(3)《国务院关于印发水污染防治行动计划的通知》(国发〔2015〕17号)。

(4)《关于加强工业节水工作的意见》(国经贸资源〔2000〕1015号)。

(5)《工业和信息化部关于进一步加强工业节水工作的意见》(工信部节〔2010〕218号)。

(6)《重点工业行业用水效率指南》(工信部联节〔2013〕367号)。

(7)《重点用水企业水效领跑者引领行动实施细则》(工信厅联节〔2017〕16号)。

(8)《水效领跑者引领行动实施方案》(发改环资〔2016〕876号)。

(9)《关于推行合同节水管理促进节水服务产业发展的意见》(发改环资〔2016〕1629号)。

(10)《全民节水行动计划》(发改环资〔2016〕2259号)。

(11)《关于加强用水定额编制和管理的通知》(水利部水资

源〔1999〕519号)。

(12)《水利部关于严格用水定额管理的通知》(水资源〔2013〕268号)。

(13)《水利部办公厅关于做好用水定额评估工作的通知》(办资源函〔2015〕820号)。

(14)《“十三五”水资源消耗总量和强度双控行动方案》(水资源〔2016〕379号)。

(15)《山东省人民政府关于加强计划用水节约用水工作的通知》(鲁政发〔2001〕50号)等。

3. 标准、定额

(1)《用水定额编制技术导则》(GB/T 32716—2016)。

(2)《城市用水分类标准》(CJ/T 3070—1999)。

(3)《山东省节水型社会建设技术指标》(2006年)。

(4)《节水型企业评价导则》(GB/T 7119—2018)。

(5)《工业企业产品取水定额编制通则》(GB/T 18820—2011)。

(6)安徽省行业用水定额(DB34/T 679—2019)。

(7)福建省行业用水定额(DB35/T 772—2018)。

(8)贵州省用水定额(DB52/T 725—2019)。

(9)湖南省用水定额(DB43/T 388—2020)。

(10)吉林省用水定额(DB22/T 389—2019)。

(11)内蒙古自治区行业用水定额(2019年版)。

(12)陕西省行业用水定额(DB61/T 943—2020)。

(13)河南省工业与城镇生活用水定额(DB41/T 385—2020)。

(14)辽宁省行业用水定额(DB21/T 1237—2015)。

(15)西藏自治区用水定额(2019年修订版)(藏水字

〔2019〕112 号）。

（16）云南省用水定额（2019 年修订版）等。

（三）编制程序

用水定额编制流程如图 6.4-1 所示。

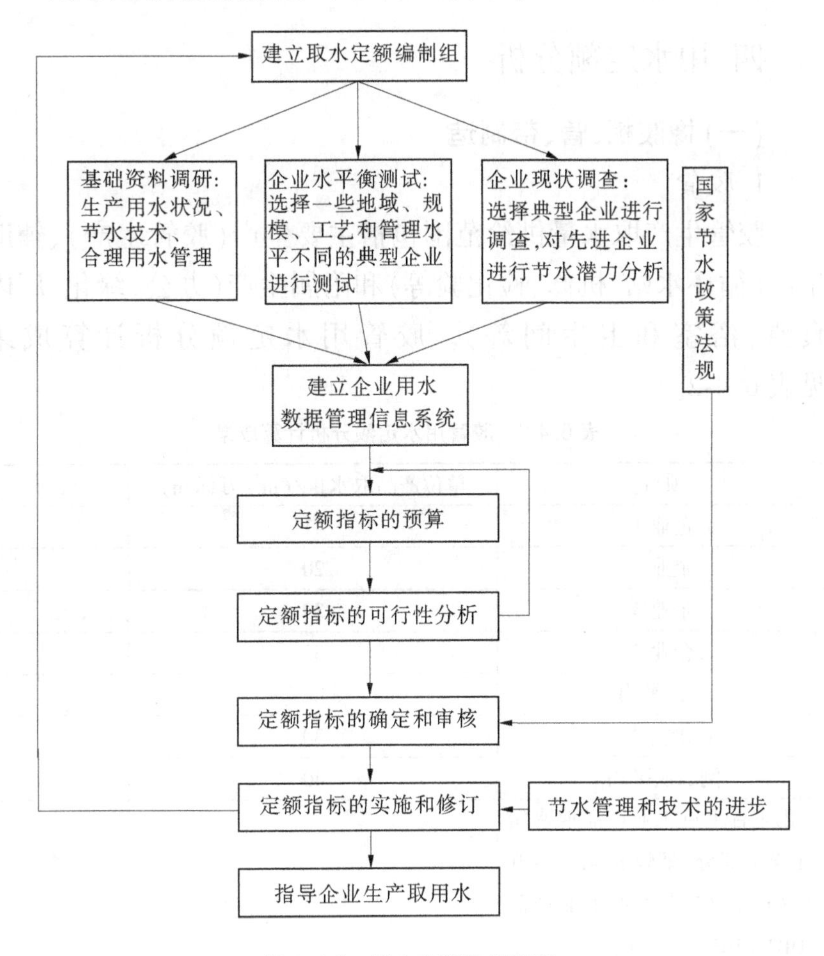

图 6.4-1 用水定额编制流程

（四）技术内容

根据《用水定额编制技术导则》（GB/T 32716—2016）、《国民经济行业分类》（GB/T 4754—2017），按照《水利部关于严格用水定额管理的通知》（水资源〔2013〕268 号）的要求，《山东省重点工业产品用水定额 第14部分:橡胶和塑料制品业重点工业产品》对原定额行业分类及名称进行重新梳理,共制修订10个产品(胶管、输送带、再生橡胶、乳胶手套、塑料薄膜、PVC管、PE管、编织袋、塑料绳网、人造革)20个用水定额值。

四、用水定额分析

(一)橡胶板、管、带制造

1. 胶管

胶管生产取水量供给范围包括主要生产(胶管生产)、辅助生产(循环水站、机修、检化验等)和附属生产(办公、绿化、厂内食堂、浴室和卫生间等)。胶管用水定额分析计算成果见表6.4-2。

表6.4-2 胶管用水定额分析计算成果

项目	单位产品取水量/(m^3/万标m)	说明
企业1	41	
企业2	20	
企业3	39	
企业4	33	
一次平均	33.25	
二次平均	30	
倒二次平均	40	
山东省重点工业产品取水定额 第1部分:烟煤和无烟煤开采洗选等57类重点工业产品(DB37/1639.1—2015)	—	
湖南省用水定额(DB43/T 388—2020)	130(通用值,准入值)、110(先进值)	m^3/t
吉林省用水定额(DB22/T 389—2019)	108(通用值)、101(先进值)	m^3/t
内蒙古自治区行业用水定额(2019年版)	80	m^3/t

续表 6.4-2

项目	单位产品取水量/(m^3/万标 m)	说明
贵州省用水定额(DB52/T 725—2019)	120(通用值)、100(先进值)	m^3/万条
云南省用水定额(2019 年修订版)	500	m^3/万 m
陕西省行业用水定额(DB61/T 943—2020)	150(通用值)、120(先进值)	m^3/t
浙江省用(取)水定额(2019 年)	90(通用值)、70(先进值)	m^3/km
广东省用水定额(DB44/T 1461—2014)	42	
广西壮族自治区工业行业主要产品用水定额(DB45/T 678—2017)	160(先进值)、220(准入值)、280(通用值)	m^3/万条
黑龙江省用水定额(DB23/T 727—2017)	117	m^3/t
辽宁省行业用水定额(DB21/T 1237—2015)	80	m^3/t
河北省用水定额 第 2 部分:工业取水(DB13/T 1161.2—2016)	110(考核值),146(准入值)	m^3/t
海南省用水定额(DB46/T 449—2017)	41	
推荐定额标准	40(通用值)、30(先进值)	

综合考虑各种影响因素,结合其他省、市地方标准以及专家咨询的反馈意见,以倒两次平均值的单位产品取水量作为通用定额参考值,以两次平均值的单位产品取水量作为先进定额参考值,确定胶管的用水定额为 40 m^3/万标 m(通用值)、30 m^3/万标 m(先进值)。

2. 输送带

输送带生产取水量供给范围包括主要生产(输送带生产)、辅助生产(循环水站、机修、检化验等)和附属生产(办公、绿化、厂内食堂、浴室和卫生间等)。输送带用水定额分析计算成果见表 6.4-3。

表 6.4-3 输送带用水定额分析计算成果

项目	单位产品取水量/(m³/万 m²)	说明
企业 1	146	
企业 2	139	
企业 3	155	
企业 4	152	
企业 5	133	
企业 6	142	
企业 7	148	
一次平均	145	
二次平均	141	
倒二次平均	150	
通过率(20%)	135.59	
通过率(80%)	150.32	
山东省重点工业产品取水定额 第 1 部分:烟煤和无烟煤开采洗选等 57 类重点工业产品(DB37/T 1639.1—2015)	—	
山西省用水定额 第 2 部分:工业企业用水定额(DB14/T 1049.2—2015)	15(0.92~1.1)	m^3/t 传动带
吉林省用水定额(DB22/T 389—2019)	85(通用值)、60(先进值)	m^3/t 传送带
内蒙古自治区行业用水定额(2019 年版)	15	m^3/t 传送带
福建省行业用水定额(DB35/T 772—2018)	1 416.2	m^3/万条
云南省用水定额(2019 年修订版)	0.1	m^3/m^2
陕西省行业用水定额(DB61/T 943—2020)	110(通用值)、90(先进值)	m^3/t 橡胶带
浙江省用(取)水定额(2019 年)	0.2(通用值)、0.1(先进值)	m^3/m^2
广东省用水定额(DB44/T 1461—2014)	340	

续表 6.4-3

项目	单位产品取水量/(m^3/万 m^2)	说明
辽宁省行业用水定额(DB21/T 1237—2015)	300~350	
河北省用水定额 第2部分:工业取水(DB13/T 1161.2—2016)	125(通用值)、95(先进值)	m^3/t 传动带
海南省用水定额(DB46/T 449—2017)	340	
河南省工业与城镇生活用水定额(DB41/T 385—2020)	15(1.0~1.1)	m^3/t 输送带
推荐定额标准	150(通用值)、135(先进值)	

综合考虑各种影响因素,结合其他省、市地方标准以及专家咨询的反馈意见,以通过率为80%的单位产品取水量作为通用定额参考值,以通过率为20%的单位产品取水量作为先进定额参考值,确定输送带的用水定额为150 m^3/万 m^2(通用值)、135 m^3/万 m^2(先进值)。

(二)再生橡胶制造

再生橡胶制造生产取水量供给范围包括主要生产(再生橡胶生产)、辅助生产(循环水站、机修、检化验等)和附属生产(办公、绿化、厂内食堂、浴室和卫生间等)。再生橡胶用水定额分析计算成果见表6.4-4。

表 6.4-4 再生橡胶用水定额分析计算成果

项目	单位产品取水量/(m^3/t)	说明
企业1	0.20	
企业2	0.25	
企业3	0.30	
企业4	0.40	
企业5	0.32	

续表 6.4-4

项目	单位产品取水量/(m^3/t)	说明
企业 6	0.55	
企业 7	0.52	
企业 8	0.45	
一次平均	0.37	
二次平均	0.32	
倒二次平均	0.48	
通过率(20%)	0.23	
通过率(80%)	0.48	
山东省重点工业产品取水定额 第 1 部分:烟煤和无烟煤开采洗选等 57 类重点工业产品(DB37/T 1639.1—2015)	—	
山西省用水定额 第 2 部分:工业企业用水定额(DB14/T 1049.2—2015)	1.00(0.90~1.20)	m^3/t 再生胶制品
湖南省用水定额(DB43/T 388—2020)	6.0(通用值)、6.0(准入值)、4.5(先进值)	
海南省用水定额(DB46/T 449—2017)	19.0	
安徽省行业用水定额(DB34/T 679—2019)	10.0(通用值)、7.0(先进值)	
贵州省用水定额(DB52/T 725—2019)	6.0(通用值)、5.0(先进值)	
青海省用水定额(DB63/T 1429—2015)	1.2(一般值)、1.0(先进值)	m^3/t 再生胶制品
推荐定额标准	0.5(通用值)、0.2(先进值)	

综合考虑各种影响因素,结合其他省、市地方标准以及专家咨询的反馈意见,以 80%通过率的单位产品取水量作为通用定额参考值,以 20%通过率的单位产品取水量作为先进定额参考

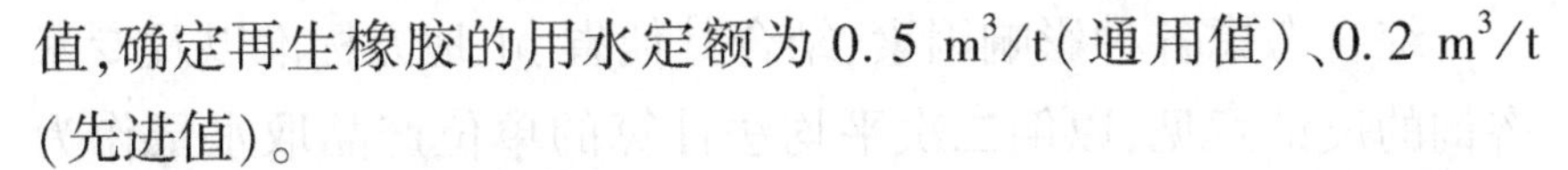

值,确定再生橡胶的用水定额为 0.5 m^3/t(通用值)、0.2 m^3/t(先进值)。

(三)乳胶手套

乳胶手套生产取水量供给范围包括主要生产(乳胶手套生产)、辅助生产(循环水站、机修、检化验等)和附属生产(办公、绿化、厂内食堂、浴室和卫生间等)。乳胶手套用水定额分析计算成果见表 6.4-5。

表 6.4-5 乳胶手套用水定额分析计算成果

项目	单位产品取水量/(m^3/万双)	说明
企业 1	20.20	
企业 2	26.00	
企业 3	14.66	
一次平均	20.29	
二次平均	14.86	
倒二次平均	26.00	
山东省重点工业产品取水定额 第 1 部分:烟煤和无烟煤开采洗选等 57 类重点工业产品(DB37/1639.1—2015)	—	
贵州省用水定额(DB52/T 725—2019)	50(通用值)、40(先进值)	
广东省用水定额(DB44/T 1461—2014)	45	
广西壮族自治区工业行业主要产品用水定额(DB45/T 678—2017)	40(先进值)、50(准入值)、60(通用值)	
河北省用水定额 第 2 部分:工业取水(DB13/T 1161.2—2016)	70(考核值)、53(准入值)	
海南省用水定额(DB46/T 449—2017)	70	
山西省用水定额 第 2 部分:工业企业用水定额(DB14/T 1049.2—2015)	8.0(0.9~1.1)	
江苏省林牧渔业、工业、服务业和生活用水定额(2019 年修订)	40	
推荐定额标准	26(通用值)、15(先进值)	

综合考虑各种影响因素,结合其他省、市地方标准以及专家咨询的反馈意见,以倒二次平均法计算的单位产品取水量作为通用定额参考值,以二次平均法计算的单位产品取水量作为先进定额参考值,确定乳胶手套的用水定额为 26 m^3/万双(通用值)、15 m^3/万双(先进值)。

(四)塑料薄膜制造

塑料薄膜生产取水量供给范围包括主要生产(塑料薄膜生产)、辅助生产(循环水站、机修、检化验等)和附属生产(办公、绿化、厂内食堂、浴室和卫生间等)。塑料薄膜用水定额分析计算成果见表 6.4-6。

表 6.4-6 塑料薄膜用水定额分析计算成果

项目	单位产品取水量/(m^3/t)	说明
企业 1	6.9	
企业 2	7.1	
企业 3	9.1	
企业 4	8.9	
一次平均	8.0	
二次平均	7.5	
倒二次平均	9.0	
山东省重点工业产品取水定额 第 1 部分:烟煤和无烟煤开采洗选等 57 类重点工业产品(DB37/1639.1—2015)	—	
安徽省行业用水定额(DB34/T 679—2019)	6(通用值)、3(先进值)	农用薄膜 m^3/t
天津市工业产品取水定额(DB12/T 697—2016)	2	农业用膜 m^3/t
内蒙古自治区行业用水定额(2019 年版)	8	
贵州省用水定额(DB52/T 725—2019)	11(通用值)、8(先进值)	
云南省用水定额(2019 年修订版)	8	

续表 6.4-6

项目	单位产品取水量/(m^3/t)	说明
广东省用水定额(DB44/T 1461—2014)	9	
辽宁省行业用水定额(DB21/T 1237—2015)	1.4(PE 地膜)、2.5(PE 三层农膜)、5(PVC 压延薄膜)、1(薄膜)	
河北省用水定额 第2部分:工业取水(DB13/T 1161.2—2016)	2.83(考核值)、4.19(准入值)	PE 三层农膜
山西省用水定额 第2部分:工业企业用水定额(DB14/T 1049.2—2015)	4.8(三层农膜)、8(塑料薄膜)	
江苏省林牧渔业、工业、服务业和生活用水定额(2019年修订)	4.5(通用值)、3(先进值)、1.5(领跑值)	
江西省工业企业主要产品用水定额(DB36/T 420—2019)	1.5(通用值)、1(先进值)、0.6(领跑值)	
广西壮族自治区工业行业主要产品用水定额(DB45/T 678—2017)	7(先进值)、9.5(准入值)、12(通用值)	
青海省用水定额(DB63/T 1429—2015)	5.5(一般值)、2.0(先进值)	
推荐定额标准	9.0(通用值)、7.5(先进值)	

综合考虑各种影响因素,结合其他省、市地方标准以及专家咨询的反馈意见,以倒二次平均法计算的单位产品取水量作为通用定额参考值,以二次平均法计算的单位产品取水量作为先进定额参考值,确定塑料薄膜的用水定额为 9.0 m^3/t(通用值)、7.5 m^3/t(先进值)。

(五)塑料板、管、型材制造

1. PVC 管

PVC 管生产取水量供给范围包括主要生产(PVC 管生产)、辅助生产(循环水站、机修、检化验等)和附属生产(办公、绿化、厂内食堂、浴室和卫生间等)。PVC 管用水定额分析计算成果见表 6.4-7。

表 6.4-7 PVC 管用水定额分析计算成果

项目	单位产品取水量/(m^3/t)	说明
企业 1	1.40	
企业 2	1.15	
企业 3	1.27	
企业 4	1.72	
企业 5	1.57	
企业 6	1.00	
企业 7	1.05	
一次平均	1.31	
二次平均	1.21	
倒二次平均	1.56	
通过率(20%)	1.01	
通过率(80%)	1.54	
山东省重点工业产品取水定额 第 1 部分:烟煤和无烟煤开采洗选等 57 类重点工业产品(DB37/1639.1—2015)	—	
内蒙古自治区行业用水定额(2019 年版)	1	m^3/t PVC 管
福建省行业用水定额(DB35/T 772—2018)	2.5(一般值)、1.4(先进值)	m^3/tUPVC 管材
浙江省用(取)水定额(2019 年)	11(通用值)、4(先进值)	m^3/t 塑料软管
广西壮族自治区工业行业主要产品用水定额(DB45/T 678—2017)	8(通用值)、5(准入值)、2(先进值)	m^3/t 塑料管材

续表 6.4-7

项目	单位产品取水量/(m^3/t)	说明
辽宁省行业用水定额(DB21/T 1237—2015)	PVC 管:1;PPR 管、件:0.6;UPVC 管材:10.4-13.8	
河北省用水定额 第 2 部分:工业取水(DB13/T 1161.2—2016)	3.58(通用值)、1.0(先进值)	m^3/tPVC 管
河南省工业与城镇生活用水定额(DB41/T385—2020)	6(通用值)、3.3(先进值)	m^3/t 塑料管材
安徽省行业用水定额(DB34/T 679—2019)	5(通用值)、2(先进值)	m^3/t 塑料管材
天津市工业产品取水定额(DB12/T 697—2016)	(PE 钢带增强波纹管)、11(高强度钢带增强波纹管)、1.5(HDPE 双扩口双壁波纹管)	
新疆维吾尔自治区工业和生活用水定额(2007 年)	0.8(1.0~1.3)	m^3/t 塑料管材
推荐定额标准	1.5(通用值)、1.0(先进值)	

综合考虑各种影响因素,结合其他省、市地方标准以及专家咨询的反馈意见,以 80%通过率的单位产品取水量作为通用定额参考值,以 20%通过率的单位产品取水量作为先进定额参考值,确定 PVC 管的用水定额为 1.5 m^3/t(通用值)、1.0 m^3/t(先进值)。

2. PE 管

PE 管生产取水量供给范围包括主要生产(PE 管生产)、辅助生产(循环水站、机修、检化验等)和附属生产(办公、绿化、厂内食堂、浴室和卫生间等)。

PE 管用水定额分析计算成果见表 6.4-8。

表 6.4-8　PE 管用水定额分析计算成果

项目	单位产品取水量/(m^3/t)	说明
企业 1	0.72	
企业 2	1.05	
企业 3	0.82	
企业 4	0.9	
企业 5	0.75	
企业 6	0.63	
企业 7	1.1	
一次平均	0.85	
二次平均	0.79	
倒二次平均	1.02	
通过率(20%)	0.66	
通过率(80%)	0.97	
山东省重点工业产品取水定额 第 1 部分:烟煤和无烟煤开采洗选等 57 类重点工业产品(DB37/1639.1—2015)	—	
内蒙古自治区行业用水定额(2019 年版)	1.6	
浙江省用(取)水定额(2019 年)	11(通用值)、4(先进值)	m^3/t 塑料软管
广西壮族自治区工业行业主要产品用水定额(DB45/T 678—2017)	8(通用值)、5(准入值)、2(先进值)	m^3/t 塑料管材
河北省用水定额 第 2 部分:工业取水(DB13/T 1161.2—2016)	1(通用值)、0.7(先进值)	
河南省工业与城镇生活用水定额(DB41/T 385—2020)	6(通用值)、3.3(先进值)	m^3/t 塑料管材
安徽省行业用水定额(DB34/T 679—2019)	5(通用值)、2(先进值)	m^3/t 塑料管材
天津市工业产品取水定额(DB12/T 697—2016)	3	m^3/t PE 钢带增强波纹管
新疆维吾尔自治区工业和生活用水定额(2007 年)	0.8(1.0~1.3)	m^3/t 塑料管材
推荐定额标准	1.0(通用值)、0.7(先进值)	

综合考虑各种影响因素，结合其他省、市地方标准以及专家咨询的反馈意见，以80%通过率的单位产品取水量作为通用定额参考值，以20%通过率的单位产品取水量作为先进定额参考值，确定PE管的用水定额为1.0 m^3/t（通用值）、0.70 m^3/t（先进值）。

（六）塑料丝、绳及编织品制造

1. 编织袋

编织袋生产取水量供给范围包括：主要生产（编织袋生产）、辅助生产（机修、检化验等）和附属生产（办公、绿化、厂内食堂、浴室和卫生间等）。编织袋用水定额分析计算成果见表6.4-9。

表6.4-9　编织袋用水定额分析计算成果

项目	单位产品取水量/(m^3/t)	说明
企业1	0.90	
企业2	0.50	
企业3	2.13	
企业4	2.30	
一次平均	1.46	
二次平均	1.08	
倒二次平均	2.22	
山东省重点工业产品取水定额 第1部分：烟煤和无烟煤开采洗选等57类重点工业产品（DB37/1639.1—2015）	—	
云南省用水定额（2019年修订版）	5	
浙江省用（取）水定额（2019年）	5（通用值）、1.5（先进值）	m^3/t PP编织产品
广西壮族自治区工业行业主要产品用水定额（DB45/T 678—2017）	4（先进值）、8（准入值）、12（通用值）	
安徽省行业用水定额（DB34/T 679—2019）	6（通用值）、2.5（先进值）	
福建省行业用水定额（DB35/T 772—2018）	4.6	
推荐定额标准	2.2（通用值）、1.0（先进值）	

综合考虑各种影响因素,结合其他省、市地方标准以及专家咨询的反馈意见,以倒两次平均值的单位产品取水量作为通用定额参考值,以两次平均值的单位产品取水量作为先进定额参考值,最后确定编织袋的用水定额为 2.2 m^3/t(通用值)、1.0 m^3/t(先进值)。

2. 塑料绳网

塑料绳网生产取水量供给范围包括主要生产(塑料绳网生产)、辅助生产(循环水站、机修、检化验等)和附属生产(办公、绿化、厂内食堂、浴室和卫生间等)。塑料绳网用水定额分析计算成果见表 6.4-10。

表 6.4-10 塑料绳网用水定额分析计算成果

项目	单位产品取水量/(m^3/t)	说明
企业 1	1.30	
企业 2	1.10	
企业 3	1.25	
企业 4	1.15	
企业 5	0.95	
企业 6	1.40	
一次平均	1.19	
二次平均	1.13	
倒二次平均	1.32	
通过率(20%)	0.98	
通过率(80%)	1.29	
山东省重点工业产品取水定额 第 1 部分:烟煤和无烟煤开采洗选等 57 类重点工业产品(DB37/1639.1—2015)	—	
推荐定额标准	1.3(通用值)、1.0(先进值)	

综合考虑各种影响因素,结合其他省、市地方标准以及专家咨询的反馈意见,以80%通过率的单位产品取水量作为通用定额参考值,以20%通过率的单位产品取水量作为先进定额参考值,确定塑料绳网的用水定额为 1.3 m^3/t(通用值)、1.0 m^3/t(先进值)。

(七)塑料人造革、合成革制造

人造革生产取水量供给范围包括主要生产(人造革生产)、辅助生产(循环水站、机修、检化验等)和附属生产(办公、绿化、厂内食堂、浴室和卫生间等)。人造革用水定额分析计算成果见表6.4-11。

表6.4-11 人造革用水定额分析计算成果

项目	单位产品取水量/(m^3/m^2)	说明
企业1	2.7	
山东省重点工业产品取水定额 第1部分:烟煤和无烟煤开采洗选等57类重点工业产品(DB37/1639.1—2015)	—	
山西省用水定额 第2部分:工业企业用水定额(DB14/T 1049.2—2015)	3.0(生产原料:聚氨酯、载体、织物);7.0(湿法)	
福建省行业用水定额(DB35/T 772—2018)	200(一般值)、100(先进值)	m^3/万 m^2 PU合成革
浙江省用(取)水定额(2019年)	150(通用值)、50(先进值)	m^3/万 m^2 PU合成革
辽宁省行业用水定额(DB21/T 1237—2015)	人造革 50 m^3/t;合成革 110 m^3/万 m^2	
安徽省行业用水定额(DB34/T 679—2019)	干法及干法复核生产工艺:15(通用值),10(先进值),5(领跑值);压延、流延、涂覆等复核工艺:10(通用值),8(先进值),5(领跑值);湿法工艺:80(通用值),60(先进值),40(领跑值)	m^3/万 m^2 人造革

续表 6.4-11

项目	单位产品取水量/(m^3/m^2)	说明
江苏省林牧渔业、工业、服务业和生活用水定额(2019 年修订)	40	m^3/万 m^2 人造革
推荐定额标准	4.0(通用值)、3.0(先进值)	

企业 1 是目前国内最大的聚氨酯工业基地,先后被列入国家520 户重点企业和山东省 23 户重点企业集团之一,具有市场代表性。结合山东省企业实际情况,以典型样板法确定人造革用水定额为 4.0 m^3/t(通用值)、3.0 m^3/t(先进值)。

五、用水定额的确定

根据以上用水定额分析计算结果,结合专家咨询意见,确定山东省重点工业产品橡胶和塑料制品业产品用水定额值。山东省橡胶和塑料制品业重点工业产品用水定额见表 6.4-12。

表 6.4-12 山东省橡胶和塑料制品业重点工业产品用水定额

行业代码	类别名称	产品名称	单位	用水定额	
				通用值	先进值
2912	橡胶板、管、带制造	胶管	m^3/万标 m	40.0	30.0
		输送带	m^3/万 m^2	150.0	135.0
2914	再生橡胶制造	再生橡胶	m^3/t	0.5	0.2
2915	日用及医用橡胶制品制造	乳胶手套	m^3/万双	26.0	15.0
2921	塑料薄膜制造	塑料薄膜	m^3/t	9.0	7.5
2922	塑料板、管、型材制造	PVC 管	m^3/t	1.5	1.0
		PE 管	m^3/t	1.0	0.7
2923	塑料丝、绳及编织品制造	编织袋	m^3/t	2.2	1.0
		塑料绳网	m^3/t	1.3	1.0
2925	塑料人造革、合成革制造	人造革	m^3/m^2	4.0	3.0

六、与相关法律、行政法规和其他标准的关系

《中华人民共和国水法》第四十七条规定，国家对用水实行总量控制和定额管理相结合的制度；《山东省水资源条例》第四十一条规定，实行行业用水定额管理制度，省人民政府有关行业主管部门应当制定本行业用水定额。《山东省重点工业产品用水定额 第14部分：橡胶和塑料制品业重点工业产品》(DB37/T 1639.14—2020)符合相关法律、行政法规的有关要求。

《山东省重点工业产品用水定额 第14部分：橡胶和塑料制品业重点工业产品》(DB37/T 1639.14—2020)严格按照《国民经济行业分类》(GB/T 4754—2022)、《用水定额编制技术导则》(GB/T 32716—2016)等相关标准规范编写，编制过程中参照《节约用水　术语》(GB/T 21534—2021)、《水平衡测试通则》(GB/T 12452—2022)、《用水单位水计量器具配备和管理通则》(GB/T 24789—2022)、取水定额(GB/T 18916)等相关国家标准，并与国家已发布的取水定额系列标准、行业标准及水利部用水定额等规范性文件相协调、相衔接。

第七章 用水总量管理

第一节 用水总量管理的意义及任务

一、用水总量管理的意义

(一)用水总量管理是强化水资源底线约束的首要措施

山东省水资源时空分布不均,水资源短缺是山东省诸多城市发展的制约因素之一。用水总量是水资源开发利用的底线,是不可逾越的红线。用水总量管理是限制水资源开发利用的主要措施,可控制区域年度用水总量,确保不突破区域指标值,保障各区域的取水权益,维持良好的用水秩序。通过用水总量管理可控制引导城镇发展规模、优化用水结构,倒逼城市、产业、用地转型发展。

(二)用水总量管理是推进新阶段水利高质量发展的重要举措

落实新发展理念,推进水利高质量发展,需要将水资源、水生态、水环境、水灾害统筹治理。通过用水总量管理,统筹地表水和地下水开发利用,因势利导,合理布局城乡供水体系和格局。在总量指标控制下,多措并举提高水资源重复利用效率,强化节水措施,实现一水多用、循环利用,通过水资源的节约集约利用扩大发展空间,实现人民对生活的美好向往和经济社会可持续高质量发展。

(三)用水总量管理是复苏河湖生态健康的重要手段

在落实生态文明绿色发展理念下，严格控制水资源的开发利用，防止超采，保障生态空间用水，对于水资源已严重超采的地区，需严格控制城市发展规模，从而合理开发利用、配置、节约、保护地表水，合理安排生产、生活、生态用水，妥善处理河流上下游、左右岸的用水关系，科学安排河道内与河道外用水，保障水资源的可持续利用和生态环境的良性循环。

二、用水总量管理的任务

(一)合理确定用水总量控制指标

根据国家下达的用水总量控制指标，统筹考虑各地经济社会发展用水需求、历史用水量等因素，逐级分解下达分年度区域用水总量及地表水、地下水、外调水等控制指标。地表水取用水总量不得超过区域地表水取用水量控制指标，并符合基本生态流量(水量)管控要求；地下水取用水总量不得超过区域地下水取用水量控制指标，并符合地下水位控制指标要求。对区域用水总量达到或者超过控制指标的，依法依规暂停或者停止审批该区域新建、改建、扩建建设项目的取水许可申请。

(二)加快建设取用水监测计量体系

全面、准确、及时掌握取用水情况，提升用水总量控制管理基础保障能力。实现取水监测计量全覆盖，同时地表水年许可水量50万m^3以上、地下水年许可水量5万m^3以上的非农业取水和大中型灌区渠首取水要实现在线计量，鼓励有条件的地区扩大在线计量覆盖范围。加快推进农业用水计量方法研究和计量设施改造建设，加强农业取用水管理。加快完善从水源取水、进出厂水到终端用水等各环节的计量设施建设。加强终端用水户计量，推进智能水表和“一户一表”改造，梳理非居民用水户

“户—表”关系，实施用水数据溯源管理，实现用水量分级、分类、分区域统计和监控。

（三）建立用水总量预警监控制度

对用水计划执行情况按季度实施预警管理。当用水量达到本季度用水年度计划时，发布预警。当季度用水量超过用水年度计划90%时，要进行用水效率分析和用水问题整改。当季度用水量超过用水年度计划时，应做出用水情况说明。

（四）建立健全用水总量核算和评估制度

依法落实用水统计调查制度，建立健全用水总量核算工作制度，加强基础数据来源把控和质量审核，从源头提高用水总量数据的可靠性和准确性。建立用水总量评估制度，定期评估用水总量和用水效率控制目标落实及相关工作情况，评估结果作为用水总量动态配置及考核的重要依据。

（五）建立用水总量动态配置机制

坚持从严管控与统筹配置相结合，建立用水总量“阶段管控、动态配置”的管理制度体系。依据地区经济社会发展需求和水资源集约节约利用水平，动态配置各地区用水总量控制指标，保障经济社会发展合理用水需求。

（六）推进水权水市场建设

探索地区间、行业间、用水户间等多种形式的水权交易。对用水量达到或者超过区域总量控制指标的地区，可通过水权交易解决新增用水需求。在保障农业用水和农民利益的前提下，建立健全工农业用水水权转换机制。培育和规范水权交易市场，加快推进水权水市场制度建设试点，积极探索可交易水权范围和类型、交易主体和期限、交易价格形成机制、交易平台运作规则。

（七）完善实施节水评价制度

节水管理部门加强监督管理，推动规划和建设项目节水评价真正落地，具体按照事前节水评价和事中、事后的节水评估两个环节进行推动。只有事前、事中、事后全面衔接好，合理确定规划和建设项目取用水量，才能保障节水评价机制真正发挥作用。

第二节 计划用水管理

计划用水是实行用水总量控制的重要手段，其本质是国家和政府或其授权机构对用水活动进行监督管理的一种行政管理活动。随着我国水资源矛盾问题的日益突出，全面实行计划用水管理成为缓解我国水资源供需矛盾的有效途径。

一、认真开展统计调查

为进一步落实《山东省落实国家节水行动实施方案》(鲁水节字〔2019〕3号)和水利部要求，组织开展计划用水覆盖情况调查，全面排查登记辖区内年用水量1万m^3及以上的工业企业、服务业、公共机构等用水计划下达情况，未下达的补充下达。

二、明确计划用水管理范围

纳入取水许可管理的单位和其他用水大户(年用水量1万m^3及以上的工业企业、服务业、公共机构等非居民用水户)原则上都应纳入计划用水管理范围，年用水量1万m^3以下非居民用水户的计划用水管理范围，根据各市实际情况自行确定，逐步实现计划用水管理全覆盖。

三、落实管理主体，规范管理程序

计划用水实行属地管理，取水口所在地的市、县水行政主管部门应当根据年度区域用水计划、用水总量控制指标、用水定额、节水要求、实际用水需求等核定下达或调整用水单位和个人的年度用水计划,并与水资源税征收、管理体制等工作紧密衔接。水行政主管部门应按照法律法规规定及有关要求,严格用水计划申报、核定、调整程序,按照规定时间要求下达用水计划,超计划(定额)用水的按规定执行累进加价。应于每年2月底前将流域机构发证取用水户和省发证取用水户的计划用水申报材料和计划用水下达文件报送备案。

四、提升计划用水管理水平

各级水行政主管部门加强对计划用水工作的指导、协调和监督检查,与公共供水管理部门等做好衔接工作,明确管理主体和管理程序,建立集中统一、规范高效的计划用水管理机制。充分发挥行业用水定额的基础作用,科学合理核定用水户的用水计划,对涉及多个水源的用水户,分别明确不同水源的计划用水量。建立健全计划用水管理台账。对列入计划用水管理范围的用水户建档立册,实行动态调整,定期调度用水情况,建立完善的用水计划下达和实际用水量台账。对违反计划用水管理规定的,及时督促整改落实,按相关法律法规规定处理。

五、开展节水监管检查

结合“双随机、一公开”监管要求,以国家、省、市三级重点监控用水单位为重点对象,聚焦计划用水管理、用水定额执行应用、节水载体建设和非常规水利用等重点工作,对各市开展节水业务监督检查,采取明查与“四不两直”相结合、实地检查与资料核查相结合的方式,抽查部分县(市、区),对检查发现问题加强督促整改,不断提升节水管理规范化水平。

第三节　取用水管理

取用水管理是水资源管理的关键环节和重要内容。要按照源头严控、过程严管、后果严惩的原则，从严加强取用水管理，将经济活动严格限制在水资源承载能力范围之内。

一、规划水资源论证

严格以水而定，量水而行。把水资源作为区域发展、相关规划制定和项目建设布局的刚性约束。在制定国民经济和社会发展规划、国土空间规划、城市总体规划、重大产业项目布局规划、工业园区规划、各类开发区（新区）规划以及工业、农业、畜牧业、林业、能源、交通、旅游、自然资源开发等各类涉及开发利用水资源的专项规划时，应充分考虑区域水资源禀赋条件和承载能力对规划的保障与约束，依据水资源刚性约束要求开展规划水资源论证。

明确规划水资源论证的管理要求。推进落实《水利部关于进一步加强水资源论证工作的意见》（水资管〔2020〕225 号），以河湖生态流量保障目标、水量分配指标、地下水取用水总量和水位管控指标、用水总量和效率控制指标、用水定额标准等为依据，明确规划水资源论证的适用范围、重点内容、技术方法和管理要求，进一步规范规划水资源论证报告编制及审查。

二、取水许可监督管理

严格建设项目水资源论证技术审查。各级水行政主管部门要把水资源论证报告作为受理审查建设项目取水许可申请的必备要件，严把水资源论证质量关。把水资源管控指标作为刚性约束，重点对建设项目取用水的必要性、合理性、可行性以及建设项目取用水与生态流量保障目标、江河水量分配指标、地下水取用水总量和水位管控指标、用水总量控制指标、用水定额等指标的符合性进行审查,提出审查意见并对其真实性、科学性负责,作为审批取水许可申请的重要依据。对水资源论证审查不通过的项目,不得批准取水许可。

严格落实取水许可审批制度。各级取水许可审批机关要严格按照各地区的可用水量和用途管制要求,严格审批取水许可。对应纳入取水许可管理范围的取水单位和个人,全面依法实施取水许可。农田灌溉机井取水应依法纳入取水许可,建立机井台账。审批建设项目取水许可必须开展水资源论证。新建、改建、扩建的建设项目,具备再生水、海水淡化等非常规水源利用或海水直接利用条件但未充分利用的,不得批准新增取水许可。

强化取水许可事中事后监管。一是加强审管衔接。水行政主管部门要加强和取水许可审批部门、综合执法部门的协调配合,防止推诿扯皮和出现监管“真空”。二是加强取用水户监管。结合取用水管理专项整治行动等工作,采取“双随机、一公开”“四不两直”“飞检”等多种形式,加强对取用水情况的监督检查,重点查处无证取水、不按许可计划取水、不安装计量设施、不依法缴纳水资源税等违法违规行为。三是加强对水行政主管部门的监督检查。全面贯彻执行《山东省水资源监督管理检查办法(试行)》(鲁水资字〔2020〕8号)、《山东省节水管理监督检查办法(试行)》(鲁水节函字〔2020〕18号),上级水行政主管部门要加强对下级水行政主管部门的监督检查,间接推进规范取用水行为。四是严厉打击违法取用水行为。对未经许可擅自取水、超量取用水、无计量取用水等不符合取水许可要求的行为,责令限期改正并依法予以处罚。

三、取用水管理专项整治

在全面完成取用水管理专项整治第一阶段核查登记工作任务的基础上，针对取用水管理专项整治行动核查登记反映出的取用水方面的问题，建立整改台账，组织开展专项整治行动整改提升工作。2022 年 3 月底前，基本完成整改阶段任务，建立健全长效机制，依法规范取用水行为，推进取用水秩序明显好转。到 2023 年底，全面完成取用水管理专项整治行动，形成“三个一”工作成果：将取水口信息纳入水利“一张图”、建立反映取水口问题及整改情况的“一本账”、建立健全取用水管理“一套长效机制”。

组织整改提升。根据取水口核查登记结果，各级水行政主管部门依据取水许可审批权限及有关法规和管理规定，复核认定取水单位或个人是否存在未经批准擅自取水、监测计量不规范、未按规定条件取水等问题，对认定的问题建立整改台账，明确整改措施、责任单位、责任人和完成时限，逐级上报审核，组织开展整改，逐一销号落实。

建章立制。以专项整治行动为契机，针对发现的问题，及时出台相关政策措施，建立取水口动态更新机制和取用水监管机制，切实加强取用水管理。

四、黄河流域水资源超载治理

加快实施水资源超载治理方案。各超载地区尽快制订水资源超载治理方案，经省水利厅审查同意后，由设区的市人民政府报省政府批复后实施。根据超载治理的目标、完成时限、具体落实措施和各项工作要求，加快各项任务的落实，积极推进超载区治理各项工作。

加大水资源超载地区治理力度。通过水源置换、产业结构转型、深度节水、价格调控等综合性措施,退减超量、优化存量、严控增量,坚决抑制不合理用水、还水于河。

加强监督检查。市、县两级严格执行取水许可限批政策,加强对水资源超载地区暂停审批新增取水许可执行情况的跟踪监督检查,健全水资源监测计量体系。对检查中发现的组织不力、执行不力、监管不严等行为,依法依规严格追究有关单位和个人的责任。

建立长效机制。各有关设区的市要出台引黄调水管理办法,规范引调水程序,将引调黄河水工作纳入区、县考核内容,建立与黄河河务部门的沟通协调和通报机制,健全黄河水超载预报和预警机制,建立应急供水生态补水申报机制,不断完善有利于水资源超载治理工作的体制机制。

参考文献

[1] 刘伊生. 节水型社会建设研究[M]. 北京：北京交通大学出版社，2015.

[2] 王建华，陈明. 中国节水型社会建设理论技术体系及其实践应用[M]. 北京：科学出版社，2013.

[3] 庞靖鹏，唐忠辉，严婷婷，等. 节水理论创新与政策实践研究[M]. 北京：中国水利水电出版社，2020.

[4] 张继群，张国玉，陈书奇. 节水型社会建设实践[M]. 郑州：黄河水利出版社；北京：中国水利水电出版社，2012.

[5] 李雪转等. 节水型社会建设与节水知识宣传教育[M]. 北京：中国水利水电出版社，2022.

[6] 许文海. 大力推进新时期节约用水工作[J]. 水利发展研究，2021(3)：16-20.

[7] 山东省水利厅，山东省发展改革委，山东省工业和信息化厅，等. 山东省“十四五”节约用水规划[R]. 济南：山东省水利厅等，2021.

[8] 山东省水利厅. 山东省水资源管理与保护“十四五”规划[R]. 济南：山东省水利厅，2021.

[9] 山东省水利厅. 山东省水安全保障总体规划[R]. 济南：山东省水利厅，2017.

[10] 山东省发展改革委，山东省水利厅. 山东省水资源综合利用中长期规划[R]. 济南：山东省发展改革委，山东省水利厅，2017.

[11] 山东省统计局，国家统计局山东调查总队. 山东统计年鉴 2021[M]. 北京：中国统计出版社，2021.

[12] 中华人民共和国国家质量监督检验检疫总局，中国国家标准化管理委员会. 节水型社会评价指标体系和评价方法：GB/T 28284—2012 [S]. 北京：中国标准出版社，2012.

[13] 中国水利学会. 区域节水评价方法(试行):T/CHES 46—2020 [S]. 北京: 中国水利水电出版社, 2021.

[14] 国家市场监督管理总局, 中国国家标准化管理委员会. 节水型企业评价导则:GB/T 7119—2018 [S]. 北京: 中国标准出版社, 2019.

[15] 中华人民共和国国家质量监督检验检疫总局,中国国家标准化管理委员会.服务业节水型单位评价导则:GB/T 26922—2011[S].北京:中国标准出版社,2012.

[16] 中国水利协会,中国教育后勤协会.节水型高校评价标准:T/CHES 32—2019 T/JYHQ 0004—2019 [S]. 北京: 中国水利水电出版社,2019.

[17] 刘华平,张晓今,胡红亮.节水社会建设分区节水模式与评价标准研究[M].郑州:黄河水利出版社,2020.

[18] 徐邦斌,王式成.淮河流域节水型社会建设制度体系研究[M].合肥:合肥工业大学出版社,2014.

[19] 张熠, 王先甲. 节水型社会建设评价指标体系构建研究[J]. 中国农村水利水电, 2015(8):118-120, 125.

[20] 侯传河, 林德才, 汪党献, 等. 实施节水评价 限制用水浪费[J]. 中国水利, 2020(7):23-28.

[21] 臧聪敏, 王双银. 基于聚类分析及综合权重的全国节水水平评价[J]. 节水灌溉,2019(9):100-104.

[22] 张欣,张保祥,李冰,等.基于用水定额的区域节水评价方法及应用[J]. 南水北调与水利科技(中英文),2023,21(1):95-106.

[23] 朱永楠,王庆明,任静,等. 南水北调受水区节水指标体系构建及应用[J]. 南水北调与水利科技,2017,15(6):102-110.

[24] 周振民,李延峰,范秀,等.基于 AHP 和改进熵权法的城市节水状况综合评价研究[J].中国农村水利水电,2016(2):37-41.

[25] 吕平,马娟娟. 基于逼近理想解法的汾河流域节水灌溉发展水平评价[J].节水灌溉,2018(12):77-81.

[26] 张欣莹,解建仓,刘建林,等.基于熵权法的节水型社会建设区域类型分析[J].自然资源学报,2017,32(2):127-135.

[27] 王瑛,陈远生,朱龙腾,等. 北京市高校行业用水评价指标体系构建[J]. 自然资源学报,2014,29(5):839-846.

[28] 范海燕,朱丹阳,郝仲勇,等. 基于 AHP 和 ArcGIS 的北京市农业节水区划研究[J]. 农业机械学报,2017,48(3):288-293.

[29] 楼豫红, 康绍忠, 崔宁博, 等. 基于集对分析的区域节水灌溉发展水平综合评价模型构建与应用:以四川为例[J]. 四川大学学报(工程科学版),2014, 46(2): 20-28.

[30] 蒋光昱, 王忠静, 索滢, 等. 西北典型节水灌溉技术综合性能的层次分析与模糊综合评价[J]. 清华大学学报(自然科学版), 2019, 59(12): 981-989.

[31] 郑和祥, 李和平, 郭克贞, 等. 基于信息熵和模糊物元模型的牧区节水灌溉项目后评价[J]. 水利学报, 2013,43(S1):57-65.

[32] 秦长海, 赵勇, 李海红, 等. 区域节水潜力评估[J]. 南水北调与水利科技(中英文), 2021, 19(1):36-42.

[33] 阳眉剑,吴深,于赢东,等. 农业节水灌溉评价研究历程及展望[J]. 中国水利水电科学研究院学报(中英文),2016,14(3):210-218.

[34] 楼豫红,康绍忠,崔宁博,等. 四川省灌溉管理节水发展水平综合评价模型构建与应用[J]. 农业工程学报,2014,30(4):79-89.

[35] 范习超,秦京涛,徐磊,等. 大型灌区节水水平评价指标体系构建与实证[J]. 农业工程学报,2021,37(20):99-107.

[36] 张晓斌,傅渝亮,汪顺生,等. 基于 AHM-CRITIC 赋权的城市综合节水水平评价研究[J]. 人民长江,2021,52(8):113-119.

[37] 水利部发布 105 项国家用水定额 基本建立全面系统的用水定额体系[EB/OL]. [2021-12-15]/(2022-05-25). http://finance. people. com. cn/n1/2021/1215/c1004-32308655. html.

[38] 贾凤伶, 刘应宗. 节水评价指标体系构建及对策研究[J]. 干旱区资源与环境,2011,25(6):73-78.

[39] 中华人民共和国国家质量监督检验检疫总局,中国国家标准化管理委员会. 用水定额编制技术导则:GB/T 32716—2016 [S]. 北京:中国标准出版社, 2017.

[40] 赵林清. 基于物元可拓分析法的节水型社会建设评价研究[J]. 华北水利水电大学学报(自然科学版), 2022, 43(1):76-81.

[41] 山东省统计局, 国家统计局山东调查总队. 山东统计年鉴 2020[M]. 北京: 中国统计出版社, 2020.

[42] 秦越, 徐翔宇, 许凯, 等. 农业干旱灾害风险模糊评价体系及其应用[J]. 农业工程学报, 2013,29(10):83-91.

[43] 张志旭,宋孝玉,刘晓迪,等. 咸阳市用水量变化驱动效应与节水评价[J]. 水资源与水工程学报,2020,31(6):73-79, 87.

[44] 李明. 创新制度,加快建设节水型社会:南昌市节水型社会建设制度创新探索[M]. 北京:北京理工大学出版社,2015.

[45] 水利部水资源管理中心. 全国节水型社会建设试点实践与经验[M]. 北京: 中国水利水电出版社, 2017.

[46] 袁锋臣, 曹炎煦, 马天儒. 淮河流域节水型社会建设实践与展望[M]. 合肥: 合肥工业大学出版社, 2018.

[47] 郭晓东. 节水型社会建设的理论与实践研究[M]. 北京: 科学出版社, 2018.

[48] 白雪, 朱春雁, 胡梦婷. 取水定额标准化理论、方法和应用[M]. 北京: 中国质检出版社,中国标准出版社,2015.

[49] 常明旺, 李贵宝, 张永爱, 等. 工业用水标准化及用水定额[M]. 北京: 中国标准出版社, 2008.

[50] 黄燕, 张强, 周训华, 等. 用水定额管理与评估[M]. 北京: 中国水利水电出版社, 2017.

[51] 李贵宝. 节水与节水型社会建设的标准与定额[J]. 中国标准化, 2008(3):48-51.

[52] 胡梦婷, 白雪, 蔡榕. 我国节水标准化现状、问题和建议[J]. 标准科学, 2020(1):6-9.

[53] 周波. 工业企业水平衡测试及其用水定额研究简述[J]. 江西化工, 2012(4):36-38.

[54] 邓文雅, 耿浩坤, 熊林. 用水定额编制方法研究[J]. 四川建筑, 2019, 39(1):213-215.

[55] 吴丹. 昆明市碳酸饮料制造业用水定额编制研究[D]. 云南：昆明理工大学，2016.

[56] 吴雪. 昆明市高校用水定额编制及节水潜力研究[D]. 云南:昆明理工大学，2015.

[57] 中华人民共和国国家质量监督检验检疫总局,中国国家标准化管理委员会. 工业企业产品取水定额编制通则：GB/T 18820—2011[S]. 北京：中国标准出版社，2011.

[58] 中华人民共和国国家质量监督检验检疫总局,中国国家标准化管理委员会. 节水型企业　火力发电行业：GB/T 26925—2011[S]. 北京：中国标准出版社，2012.

[59] 张继群，陈莹，李贵宝. 工业用水定额总论[M]. 北京：中国质检出版社，中国标准出版社，2014.

[60] 王婧潇，杨枫楠，汪长征，等. 城镇居民生活用水定额现状分析及展望[J]. 给水排水工程，2018,36(5):139-143.

[61] 张伟光，陈隽，王红瑞，等. 我国用水定额特点及存在问题分析[J]. 南水北调与水利科技，2015,13(1):158-162.

[62] 孙婷，张雨，邵芳，等. 我国工业用水定额理论与应用初探[J]. 中国水利，2015(23):46-48.

[63] 张丽，张云，钱树芹，等. 用水定额研究进展浅议[J]. 中国水利，2011(5):45-47.

[64] 肖仲凯，于慧，倪亮亮，等. 钢铁企业水平衡测试与节水分析[J]. 人民长江，2018,49(S2):90-93.

[65] 滕云，高士军，王煜婷，等. 黑龙江省用水定额修编重点研究[J]. 水利科学与寒区工程，2021,4(6):20-23.

[66] 何怀光，盛东，王首卜，等. 湖南省工业企业用水定额修编实践[J]. 给水排水，2020,46(2):68-73.

[67] 严江. 基于水平衡测试的用水效率评估及节水建议[J]. 城镇供水，2019(2):49-53.

[68] 马爱民，毕婉. 上海市强化用水定额管理实践与对策浅析[J]. 中国水运，2021,21(10):107-108.

[69] 毕婉，张坤，赵晓晴，等. 太湖流域用水定额管理实践与思考[J]. 中国水利，2021（11）:47-49.

[70] 张勇. 效率和公平视角下我国用水定额管理案例研究[D]. 上海：华东师范大学，2016.

[71] 周兴双. 灌溉用水定额的影响因素及其编制[J]. 科技创新与应用，2012(11)：192.

[72] 王波. 关于建立用水总量管理体系若干问题的探讨[J]. 中国水利，2015(19)：13-15.

[73] 张继群. 落实国家节水行动　强化用水定额管理[J]. 中国水利，2018(6)：21-23.

[74] 仲玉芳，祝建平. 浅谈水平衡测试在节水管理中的应用[J]. 城镇供水，2018(6)：63-65.

[75] 张建功. 关于新形势下节水为重的思考[J]. 中国水利，2020(13)：37-39.

[76] 赫淑杰，陈燕朋. 山东省黄河流域水资源节约与保护初探[J]. 资源节约与环保，2021(7)：81-82.

[77] 冯利海，苏茂荣，冯雨飞，等. 建立水资源刚性约束制度　全面提升水安全保障能力[J]. 人民黄河，2021，43(S2)：48-49，53.

[78] 刘啸，戴向前，周飞，等. 对取水许可事中事后监管的分析与思考[J]. 水利发展研究，2021，21(12)：29-31.

[79] 汪党献，郦建强，刘金华. 用水总量控制指标制定与制度建设[J]. 中国水利，2012(7)：12-14.

[80] 宋乔依，淡雅君. 规范取水许可证延续　强化取水许可监管[J]. 四川水利，2021(S1)：13-15.

[81] 刘斌. 切实发挥水资源刚性约束作用　深入推进取用水管理向纵深发展[J]. 内蒙古水利，2021(2)：18-19.

[82] 王俊杰，王丽艳，谢浩然，等. 取水许可限批立法的思考与建议[J]. 水利发展研究，2021，21(9)：87-90.

[83] 刘啸，戴向前，马俊. 新形势下完善取水许可制度的思考[J]. 水利经济，2021，39(2)：50-54.

[84] 石瑞新,吴晓楷,谭林山. 计划用水管理制度及落实保障措施探讨[J]. 科技风, 2018(21):171.

[85] 曹鹏飞, 陈梅, 王若男. 落实计划用水制度加强水资源刚性约束[J]. 水利发展研究,2021,21(5):71-75.

[86] 李舒, 张瑞嘉, 蒋秀华, 等. 黄河流域水资源节约集约利用立法研究[J]. 人民黄河,2022,44(2):65-70.

[87] 于伟东, 吴晓楷,谭林山. 计划用水管理制度及落实保障措施探讨[J]. 中国水利, 2016(17):10-11,9.

[88] 陈梅, 易雅宁, 秦景. 我国计划用水管理现状及保障措施分析[J]. 水利发展研究,2022, 22(4):62-66.

[89] 严威. 加强取水许可管理推进节水型城市建设[J]. 长江技术经济, 2021(7):132-134.